工程分析方法
——面向工程应用的简化分析方法

刘健　钱富才　著

中国水利水电出版社
www.waterpub.com.cn
·北京·

内 容 提 要

本书试图搭建起"学院派"和"经验派"之间的桥梁，面向工程需要实实在在地简化工程分析方法，使之便于工程师们使用。

本书分为绪论、精英优化法、控制的鲁棒性评估、非充分信息估计、不确定性分析、比较分析和元素取舍分析6章，书中除了论述作者在长期工程实践中提炼出的工程分析方法之外，还给出了大量应用实例。

本书适合于从事规划、设计、制造、测试等工作的工程师和科研人员阅读，也可作为工科大专院校的教师、研究生和高年级学生参考。

图书在版编目（ＣＩＰ）数据

工程分析方法：面向工程应用的简化分析方法 / 刘健，钱富才著. -- 北京：中国水利水电出版社，
2017.12
ISBN 978-7-5170-6152-6

Ⅰ．①工… Ⅱ．①刘… ②钱… Ⅲ．①电力工程－工程分析－分析方法 Ⅳ．①TM7

中国版本图书馆CIP数据核字(2017)第326740号

书　　名	工程分析方法——面向工程应用的简化分析方法 GONGCHENG FENXI FANGFA——MIANXIANG GONGCHENG YINGYONG DE JIANHUA FENXI FANGFA
作　　者	刘健　钱富才　著
出版发行	中国水利水电出版社 （北京市海淀区玉渊潭南路1号D座　100038） 网址：www. waterpub. com. cn E-mail：sales@waterpub. com. cn 电话：(010) 68367658（营销中心）
经　　售	北京科水图书销售中心（零售） 电话：(010) 88383994、63202643、68545874 全国各地新华书店和相关出版物销售网点
排　　版	中国水利水电出版社微机排版中心
印　　刷	北京瑞斯通印务发展有限公司
规　　格	184mm×260mm　16开本　10印张　237千字
版　　次	2017年12月第1版　2017年12月第1次印刷
定　　价	**48.00元**

前言
PREFACE

工程师们经常遇到书本上的理论知识不能有效解决工程问题的情况，以至于他们干脆放弃了分析而完全依靠经验去解决实际问题。学者和科学家群体却对建模、辨识、优化等理论研究非常感兴趣，而他们又往往不直接解决工程实际问题。闭门造车的研究模式逐渐将学问越做越复杂、越做越理想、越做越脱离实际需要，以至于工程师们越来越难以利用这些学术成果，形成了各个行业"学院派"和"经验派"越来越显著的对峙局面。"经验派"的工程师们嘲讽"学院派"是将简单的问题复杂化，"学院派"的学者们指责"经验派"的做法不够科学。

上述这两种认识都有一定道理，但都过于偏激。实际上面向工程的分析的确不需要那么复杂而失去了可操作性，但是完全靠经验也可能增大结果不令人满意的概率。本书试图搭建起"学院派"和"经验派"之间的桥梁，面向工程需要实实在在地简化工程分析方法，使之便于工程师们使用，同时也确保得到的尽管不是"全局最优"、但却是令人满意的工程实践结果。

本书共分6章，包括绪论、精英优化法、控制的鲁棒性评估、非充分信息估计、不确定性分析、比较分析和元素取舍分析6章，除了论述作者在长期工程实践中提炼出的工程分析方法之外，还给出大量应用实例。

杜京义教授仔细审阅了本书内容，并给出中肯的修改建议；本书部分实例采用了作者指导的博士研究生杨文宇、徐精求、武晓朦、王树奇、王建新、王晓路以及硕士研究生卢伟、朱继平、赵磬、韩哲、张星星的研究成果，这些研究生还认真检查和完善了书稿部分内容，在此一并表示感谢。

由于编者水平有限，书中不妥之处敬请读者批评指正。

作者

2017年8月于西安

术 语 表

术 语	所在章节	术 语	所在章节
工程处理的充分性	1.2	目标优化控制鲁棒性评估	3.1
工程处理的收敛性	1.2	参数的可测性	4.1
不收敛	1.2	本征明晰参数	4.1
不充分收敛程度	1.2	本征不确定参数	4.1
小差距原则	1.3	本征可测性	4.1
满意差距度	1.3	完全可量测系统	4.1
小概率原则	1.3	非完全可量测系统	4.1
满意风险度	1.3	测试明晰参数	4.1
$p\%$精英解	2.1	测试不确定参数	4.1
精英解的满意度	2.1	测试可测性	4.1
精英解的可信度	2.1	完备测试方案	4.1
最小抽样数目	2.1	非完备测试方案	4.1
P里挑1的满意解	2.1	测试方案的优越性	4.1
抽样的均匀性	2.1	最小生成树	4.2
可行解的比例	2.1	模式可确定对象	4.4
约束条件的强度	2.1	模式可确定系统	4.4
约束条件的松弛收益	2.1	最小完备观测信息	4.4
约束条件的灵敏度	2.1	模式不可确定系统	4.4
解空间的离散化	2.1	抽样盲数	5.3
筛选网格	2.1	区间均值	5.3
多目标精英解的遴选	2.3	抽样盲数的阶数	5.3
性能排序遴选法	2.3	抽样盲数的谱图	5.3
优越解集合	2.3	抽样盲数的降阶计算	5.3
投票排序法	2.3	抽样盲数的置信区间	5.3
控制的鲁棒性	3.1	F检验	6.1
全局空间	3.1	t检验	6.1
鲁棒空间	3.1	等效方法	6.1
控制变量的可达范围	3.1	等价方法	6.1
控制变量的工程可控性	3.1	简化的对比分析	6.1
鲁棒性判定	3.1	$N+Y-X$原则	6.5

目　　录

第1章 绪　　论

1.1　让分析方法为工程师服务

现实当中工程师们往往无奈地发现：书本上的理论知识有时并不能有效地解决工程问题。比如，在优化控制问题中，大费周章地得到了"全局最优解"，但有时在应用中却发现其性能与理论值偏差很大甚至非常差；在参数测量问题中，开展了大量的测试工作，但有时会遇到所能获得的独立方程个数小于拟求解的未知数的个数，使得这些测试数据似乎没有利用价值；在预测问题中，费尽心机建立了将能想到的影响因素都考虑在内的看似完美的预测模型，但是预测结果却与实际情况偏离非常远，预测效果甚至不如考虑因素少的简单模型。

许多优化问题属于 NP - hard（非确定多项式难）问题，求解"全局最优解"不仅非常困难，而且往往很难找到普遍适用的方法。许多工科专家投入极大的热情和精力去探究针对某个具体问题的"全局最优解"的求解方法，逐渐偏离和淡化了问题的现实意义，而成了纯粹的数学方法研究，甚至沦为"数学游戏"。实际上，由于工程中的场景（条件变量）存在一定的不确定性，而且执行机构可以保证的控制精度也存在一定偏差，追求"全局最优"的努力并没有多大实用价值，何况在许多情形下所谓"全局最优解"并不比"局部最优解"显著优越，并且有的"全局最优解"当条件变量或控制存在少许偏差时，其性能会出现显著劣化，造成前面所述的"全局最优解"性能与理论值偏差很大甚至非常差的现象。

对于参数测量问题，现实当中所建立的独立方程数多于或少于拟求解的未知参数个数的情况普遍存在，虽然理论上独立方程数少于拟求解的未知参数个数的"欠定方程"的解不唯一，甚至有无穷多组解，但是对于一部分参数而言，其解却有可能是唯一确定的。而对于其他参数，虽然其解不唯一确定，但是可以设法估计出它们的取值范围。对于工程应用而言，如果估计出的参数的可能取值范围在不影响使用的一定区间以内，往往可以认为已经达到了对该参数进行估计的目的，即使对于可能取值范围较大的参数，也可设法估计出其在取值区间的概率分布，从而为应用提供有价值的参考。

对于预测问题，并非建立的预测模型越复杂、其中考虑的因素越多越好，因为每个因素都是一个输入变量，不仅需要输入该因素的历史数据，往往还需要输入其未来的预期数据。而凡涉及对未来的预期，数据中必然存在不确定性，如果预测模型的非线性较强，则某个考虑因素中的少许偏差就可能会破坏预测对象的预测结果。并且许多考虑因素之间存在相关性，有时用其中一个就可以了，而都把它们作为输入变量，反而有可能淡化了其他输入变量的作用，从而破坏预测器的适应性。例如，对于电力负荷预测问题，在社会技术经济发展平稳的年代，仅仅将电力负荷视为时间的函数，用基于时间序列的预测方法往往就能收到相当不错的效果。

工程师们在工程实践中遇到的与上述类似的困扰不胜枚举，以至于他们干脆放弃了分析而完全依靠经验去解决实际问题，而包括建模、辨识、优化等在内的面向工学的分析方法成了只有学者和科学家群体才感兴趣的领域，但他们又往往不直接解决工程实际问题。闭门造车的研究模式逐渐将学问越做越复杂、越做越理想、越做越脱离实际需要，以至于工程师们越来越难以利用这些学术成果，形成了各个行业"学院派"和"经验派"的越来越显著的对峙局面。"经验派"的工程师们嘲讽"学院派"是将简单的问题复杂化，"学院派"的学者们指责"经验派"的做法不够科学。

上述这两种认识都具有一定的道理，但都过于偏激。实际上，面向工程的分析的确不需要那么复杂以致于失去了可操作性，但是完全靠经验也可能增大结果不令人满意的概率。本书试图搭建起"学院派"和"经验派"之间的桥梁，面向工程需要实实在在地简化工程分析方法，使之便于工程师们使用，同时也确保得到的尽管不是"全局最优"、但却是令人满意的工程实践结果。

1.2　工程处理过程的充分性和收敛性

在工程分析中经常遇到对某种处理过程的充分性评估问题。

1.2.1　处理的充分性

处理的充分性是指：对于一种工程处理过程，在进行了 N 次处理后得到的性能与进行了 $M(N \gg M)$ 次处理后得到的性能大致相同（差别在一个事先确定的很小的范围内），则认为 M 次处理是充分的，否则认为 M 次处理是不够充分的。

下面给出几种典型工程处理的充分性判断问题。

【例 1】　迭代的充分性。

例如，对于参数辨识问题，假设经过 k 次迭代后得出的一组 h 个参数的辨识结果为 $\boldsymbol{\theta}^{<k>} = [\theta_1^{<k>}, \theta_2^{<k>}, \cdots, \theta_h^{<k>}]^{\mathrm{T}}$，再进行了 k 次迭代，参数的辨识结果为 $\boldsymbol{\theta}^{<2k>} = [\theta_1^{<2k>}, \theta_2^{<2k>}, \cdots, \theta_h^{<2k>}]^{\mathrm{T}}$，若 $\| \boldsymbol{\theta}^{<2k>} - \boldsymbol{\theta}^{<k>} \|_2 = \sqrt{\sum_{i=1}^{h} (\theta_i^{<2k>} - \theta_i^{<k>})^2} < \varepsilon$（$\varepsilon$ 为事先确定的正数），则认为在对这组参数进行的辨识处理过程中，k 次迭代是充分的。

【例 2】　抽样的充分性。

例如，对于统计分析问题，假设经过 m 次抽样后得出的一组 n 个统计分析指标为 $\boldsymbol{\sigma}^{<m>} = [\sigma_1^{<m>}, \sigma_2^{<m>}, \cdots, \sigma_n^{<m>}]$，又进行了 m 次抽样后，得出统计分析指标为 $\boldsymbol{\sigma}^{<2m>} = [\sigma_1^{<2m>}, \sigma_2^{<2m>}, \cdots, \sigma_h^{<2m>}]$，若 $\| \boldsymbol{\sigma}^{<2m>} - \boldsymbol{\sigma}^{<m>} \|_2 = \sqrt{\sum_{i=1}^{n} (\sigma_i^{<2m>} - \sigma_i^{<m>})^2} < \varepsilon$（$\varepsilon$ 为事先确定的正数），则认为在统计分析中，m 次抽样是充分的。

1.2.2　处理的收敛性

处理的收敛性是指：如果能够经过有限的 N 次处理后满足充分性的要求，则称该工程处理过程是充分收敛的，否则称该工程处理过程是不充分收敛的。

能够满足充分性要求的最少处理次数称为最小充分处理次数。

如果能够找到一个正数 E，使得经过有限的 N 次处理后得到的性能与继续增加处理次数后得到的性能的差异的能量均方值不大于 E，则称该工程处理过程是**有限收敛**的，否则称该工程处理过程是**不收敛**的。称 $\alpha = E/\varepsilon$ 为该工程处理过程的**不充分收敛程度**。显然，对于不收敛的工程处理过程，其不充分程度为无穷大。

1.3　工程优化方法的满意性分析

1.3.1　小差距原则和小概率原则

设一种公认的具有良好性能的比较严格的优化方法为 F_1，为了解决同样的问题，但是采取了简化处理的近似的优化方法为 F_2。若 F_2 与 F_1 相比，同时满足小差距原则和小概率原则，则称 F_2 为 F_1 的一种满意的工程优化方法。

1. 小差距原则

在各种合理的场景下（设考察场景共有 N 个），对于同样的目标函数 f_1、f_2、$\cdots$、f_m（设目标函数越大越优越），采用比较严格的优化方法 F_1 和经简化处理的近似优化方法 F_2 分别进行优化，对于第 j 个场景得到的优化结果分别为 $f_{1,j}^{<1>}$、$f_{2,j}^{<1>}$、$\cdots$、$f_{m,j}^{<1>}$ 和 $f_{1,j}^{<2>}$、$f_{2,j}^{<2>}$、$\cdots$、$f_{m,j}^{<2>}$。若有

$$\frac{1}{Nm} \sum_{j=1}^{N} \sum_{i=1}^{m} (1 - f_{i,j}^{<2>}/f_{i,j}^{<1>}) < \varepsilon_f \tag{1.1}$$

则认为 F_2 与 F_1 相比，满足小差距原则。

式（1.1）中，正数 ε_f 为认为满意的小差距阈值，称为**满意差距度**。

2. 小概率原则

在各种合理的场景下（设考察场景共有 n 个），对于同样的目标函数 f_1、f_2、$\cdots$、f_m（设目标函数越大越优越），采用公认的具有良好性能的比较严格的优化方法 F_1 和经简化处理的近似优化方法 F_2 分别进行优化，对于第 j 个场景得到的优化结果分别为 $f_{1,j}^{<1>}$、$f_{2,j}^{<1>}$、$\cdots$、$f_{m,j}^{<1>}$ 和 $f_{1,j}^{<2>}$、$f_{2,j}^{<2>}$、$\cdots$、$f_{m,j}^{<2>}$，设公认的具有良好性能的比较严格的优化结果优于近似优化方法的概率为 $p(1 \therefore 2)$，若有

$$p(1 \therefore 2) < \varepsilon_p \tag{1.2}$$

则认为 F_2 与 F_1 相比，满足小概率原则。

式（1.2）中，正数 ε_p 为认为满意的小概率阈值，称为**满意风险度**。

1.3.2　工程优化方法优质性的数值检验

1. 基本原理

采用蒙特卡罗模拟，在合理的范围内，随机设置场景参数，构成一组样本。分别采用比较严格的优化方法 F_1 和经简化处理的近似优化方法 F_2 对样本中的各个个体（每个个体

对应一个场景）进行优化，并对所得到的优化结果进行统计分析，判断小差距原则和小概率原则是否满足。

2. 小差距原则的检验

设考察场景共有 N 个（即 N 个样本），对于同样的目标函数 f_1、f_2、$\cdots$、f_m（设目标函数越大越优越），定义

$$\mu_{f,j} = \frac{1}{m} \sum_{i=1}^{m} (1 - f_{i,j}^{<2>} / f_{i,j}^{<1>}) \qquad (j = 1, 2, \cdots, N) \tag{1.3}$$

假设 $\overline{\mu}_f$ 为 $\mu_{f,j}$ 的均值，其蒙特卡罗估计为

$$\hat{\overline{\mu}}_f = \frac{1}{N} \sum_{i=1}^{N} \mu_{f,i} \tag{1.4}$$

根据概率论中的中心极限定理可知，蒙特卡罗估计 $\hat{\overline{\mu}}_f$ 与真值 $\overline{\mu}_f$ 之间的随机模拟误差为

$$|\hat{\overline{\mu}}_f - \overline{\mu}_f| < \frac{c_\alpha \sigma}{\sqrt{N}} \tag{1.5}$$

式中：σ 为 $\overline{\mu}_f$ 的标准差；c_α 为一个与置信水平 $1-\alpha$ 有关的数。

在置信水平 0.5、0.95 和 0.997 下，c_α 分别为 0.6745、1.96 和 3，也即，在置信水平 0.997 下，有

$$\overline{\mu}_f < \hat{\overline{\mu}}_f + \frac{3\hat{\sigma}}{\sqrt{N}} \tag{1.6}$$

$$\hat{\sigma} = \frac{1}{N-1} \sqrt{\sum_{i=1}^{N} (\mu_{f,i} - \overline{\mu}_f)^2} \tag{1.7}$$

式中：$\hat{\sigma}$ 为 σ 的估计。

若

$$\hat{\overline{\mu}}_f + \frac{3\hat{\sigma}}{\sqrt{N}} \leqslant \varepsilon_f \tag{1.8}$$

则认为近似优化方法 F_2 以满意差距度 ε_f 满足小差距原则。

3. 小概率原则的检验

根据伯努利大数定律[1]，有

$$\lim_{N \to \infty} P\left\{ \left| \frac{v_N}{N} - p(1 \therefore 2) \right| \geqslant \varepsilon_p \right\} = 0 \tag{1.9}$$

式中：v_N 为 N 次随机模拟中比较严格的优化方法 F_1 的优化结果优于近似优化方法 F_2 的次数。

因此，可以用 v_N/N 来逼近 F_1 优于 F_2 的概率 $p(1 \therefore 2)$。

设 $y = v_N/N$，$A = p(1 \therefore 2)$，令 y 与 N 的关系近似表示为

$$y = \frac{B}{N} + A + \varepsilon \tag{1.10}$$

式中：ε 为随机误差，服从正态分布 $N(0, \sigma_\varepsilon^2)$；$B$ 为待定常数。

令 $x = 1/N$，则 y 与 x 的关系可以近似表示为

$$y = Bx + A + \varepsilon \tag{1.11}$$

式（1.11）为一个典型的一元线性回归问题，根据 K 组不同的 N（即 x）对应的 y

（即 v_N/N），可以采用最小二乘法估计出 A、B 和 σ_ε^2。

$$\hat{B} = \frac{\sum\limits_{i=1}^{K}(x_i - \overline{x})(y_i - \overline{y})}{\sum\limits_{i=1}^{K}(x_i - \overline{x})^2} \tag{1.12}$$

$$\hat{p}(1 \therefore 2) = \hat{A} = \overline{y} - \hat{B}\overline{x} \tag{1.13}$$

$$\hat{\sigma}_\varepsilon^2 = \frac{\sum\limits_{i=1}^{K}(y_i - \overline{y})^2 - \hat{B}\sum\limits_{i=1}^{K}(x_i - \overline{x})(y_i - \overline{y})}{K - 2} \tag{1.14}$$

其中

$$\overline{x} = \frac{1}{K}\sum_{i=1}^{K}x_i = \frac{1}{K}\sum_{i=1}^{K}\frac{1}{N_i} \tag{1.15}$$

$$\overline{y} = \frac{1}{K}\sum_{i=1}^{K}y_i = \frac{1}{K}\sum_{i=1}^{K}\frac{v_{N,i}}{N_i} \tag{1.16}$$

文献 [1] 指出，$\hat{A}$ 服从正态分布，即

$$\hat{A} \sim N\left[A, \frac{\hat{\sigma}_\varepsilon^2 \sum\limits_{i=1}^{K}x_i^2}{K\sum\limits_{i=1}^{K}(x_i - \overline{x})^2}\right] \tag{1.17}$$

在个体数 K 比较少时，$\hat{A}$ 服从 t 分布。因此，在置信度 $1-\alpha$ 下，$A = p(1 \therefore 2)$ 的置信区间为

$$\left[\hat{A} \pm t_{\alpha/2}(K-2)\frac{\hat{\sigma}_\varepsilon\sqrt{\sum\limits_{i=1}^{K}x_i^2}}{\sqrt{K\sum\limits_{i=1}^{K}(x_i - \overline{x})^2}}\right]$$

若

$$\left[\hat{A} + t_{\alpha/2}(K-2)\frac{\hat{\sigma}_\varepsilon\sqrt{\sum\limits_{i=1}^{K}x_i^2}}{\sqrt{K\sum\limits_{i=1}^{K}(x_i - \overline{x})^2}}\right] < \varepsilon_p \tag{1.18}$$

则认为近似优化方法 F_2 以满意风险度 ε_p 满足小概率原则。

1.3.3 数值检验的步骤

（1）设置一个具有普遍意义的检验环境。

（2）蒙特卡罗模拟。随机生成 N 个个体构成一组样本，对于每一个个体，分别采用严格优化方法 F_1 和简化优化方法 F_2 分别进行优化。

（3）根据得到的优化结果进行小差距原则检验。

（4）根据得到的优化结果进行小概率原则检验。

第 2 章 精 英 优 化 法

在解决工程技术问题时，经常遇到旨在改善性能的优化问题，一般包括两类：一类是为了提高某些性能指标的优化控制问题；另一类是为了更加合理地配置资源的优化规划问题。许多学者将太多的精力投入到获取"全局最优解"的努力中，而实际上由于优化模型与实际系统之间存在近似性以及许多参数存在不确定性，追求"全局最优"的努力并没有多大实用价值，何况在许多情形下所谓"全局最优解"并不比"局部最优解"显著优越。在工程实践中，往往只需得到具有较好性能的"精英解"就足以产生显著的效果和效益。

许多学者还投入很多精力去努力减少优化方法的计算量，而随着计算机处理速度的飞速提升，尤其是分布式计算技术的迅速发展，优化过程中计算量的影响越来越小，尤其是在不刻意追求"全局最优解"而改为获得"精英解"的务实理念下，计算量更是可以大幅度减少。

本章论述旨在获得精英解的工程随机优化方法是解决所有旨在改善性能的工程优化问题的一种通用方法，它可以使研究人员从过去努力追求获取"全局最优解"的繁重且艰苦的工作中解放出来，从而将更多的精力用于建立更加符合实际需要的优化模型上。

2.1 基 本 原 理

本节论述旨在获得精英解的工程随机优化方法的基本原理，着重论述抽样次数与解的满意度的关系以及在多目标优化问题中的处理方法。

考虑下列单目标优化问题（Ⅱ）

$$\max_x f(x), s.t. x \in S$$

其中，$f(x)$ 为目标函数，在本章中，为了方便起见，总是认为目标函数越大越好；x 为多维决策变量；S 为可行域或者为约束域。

上述优化问题具有普遍性。事实上，对于目标函数 $f(x)$ 越小越好的优化问题，用 $-f(x)$ 或 $1/f(x)$ 代替 $f(x)$ 就可以转化成为目标函数越大越好的问题；当系统中有动态演化规律时，如差分方程，可以将其以约束的形式放在可行域 S 中。因此，控制理论中的最优控制问题、具有时空约束的分布式参数系统的优化都可以用上面的优化模型来表示。

对于优化问题（Ⅱ），对性能 $f(x)$ 有影响的所有因素统称为决策变量。决策变量一般分为控制变量和条件变量：控制变量是通过优化可以改变取值的变量（即优化的对象）；而条件变量是客观存在的，但其取值不能被主观改变。在工程实际当中，控制变量和条件变量往往都存在一定的波动范围，前者一般是由控制器的控制精确程度造成的，后者一般是由其在考察期间内的变化及其不确定性引起的。

2.1.1 $p\%$精英抽样

2.1.1.1 解的个数无穷多时的 $p\%$ 精英解

对于优化问题（Ⅱ），按具有某种分布的随机数产生方法在其解空间进行适当抽样，即可获得一组候选解 $\{x_1, x_2, \cdots, x_N\}$，对于每个候选解 x_i，按性能 $f(x_i)$ 从好到坏（从大到小）进行排序，假设认为处于前 $p\%$ 的解都是满意解，则称这样获得的解为 $p\%$ 精英解，称 $1-p\%$ 为**精英解的满意度**。显然，$p\%$ 越小，满意度越高。

在解的个数无穷多时，每随机生成一个候选解，它不是处于前 $p\%$ 的解的概率为 $1-p\%$，则连续随机生成 N 个候选解，它们都不是处于前 $p\%$ 的解的概率为 $(1-p\%)^N$。

假设要求在连续随机生成的 N 个候选解都不是处于前 $p\%$ 的概率不大于 $q\%$，则有

$$(1-p\%)^N \leqslant q\% \tag{2.1}$$

称 $1-q\%$ 为 $p\%$ **精英解的可信度**。

为了达到上述目的，根据式（2.1），所需要的**最少抽样数目** $N_{\min}$ 为

$$N_{\min} = \mathrm{int}\left[\frac{\lg(q\%)}{\lg(1-p\%)} + 1\right] \tag{2.2}$$

式中：$\mathrm{int}[y]$ 为取 y 的整数部分。

式（2.2）还表明，只要随机生成的候选解数目不少于 $N_{\min}$，则就有 $1-q\%$ 的可能性在这 $N_{\min}$ 个候选解中，至少有一个是处于前 $p\%$ 的满意解。

满足式（2.2）要求的抽样称为 $p\%$ 精英抽样。

例如，若 $p\% = 1\%$，则所得到的优化结果就是 1% 精英满意解，相应的随机抽样过程为 1% 精英抽样；若 $p\% = 0.1\%$，则所得到的优化结果为 0.1% 精英满意解，相应的随机抽样过程为 0.1% 精英抽样。

若 $q\% = 1\%$，则相应满意解的可信度为 99%；若 $q\% = 0.1\%$，则相应满意解的可信度为 99.9%；若 $q\% = 0.01\%$，则相应满意解的可信度为 99.99%。可见 $p\%$ 精英抽样可以对获得的策略的优秀程度进行直观评价。

$p\%$ 和 $q\%$ 是精英优化法涉及的两个重要参数，它们的不同取值需要的抽样次数不同。在解的个数无穷多时，表 2.1 为一些给定 $p\%$ 和 $q\%$ 时，依据式（2.2）计算出的最少抽样数 $N_{\min}$。

表 2.1　　　　　　　　　解空间很大时 $N_{\min}$ 与给定 $p\%$ 和 $q\%$ 的对应关系

$N_{\min}$	$q\%$	$p\%$	$N_{\min}$	$q\%$	$p\%$
459	1%		9209	1%	
528	0.5%		10594	0.5%	
688	0.1%	1%	13813	0.1%	0.05%
757	0.05%		15199	0.05%	
917	0.01%		18417	0.01%	

N_{min}	$q\%$	$p\%$	N_{min}	$q\%$	$p\%$
919	1%		46050	1%	
1058	0.5%		52981	0.5%	
1379	0.1%	0.5%	69075	0.1%	0.01%
1517	0.05%		76006	0.05%	
1838	0.01%		92099	0.01%	
4603	1%		92102	1%	
5296	0.5%		105964	0.5%	
6905	0.1%	0.1%	138152	0.1%	0.005%
7598	0.05%		152015	0.05%	
9206	0.01%		184203	0.01%	

若从求 $p_1\%$ 精英满意解提高为求 $p_2\%$ 精英满意解（$p_1\% > p_2\%$），则在 $p_1\%$ 精英抽样完成的基础上需要补充的抽样样本数目 ΔN 为

$$\Delta N = \text{int}\left[\frac{\lg(q\%)}{\lg(1-p_2\%)} - \frac{\lg(q\%)}{\lg(1-p_1\%)} + 1\right] \tag{2.3}$$

若对 $p\%$ 精英满意解的可信度从 $1-q_1\%$ 提升到 $1-q_2\%$（$q_2\% < q_1\%$），则在 $p\%$ 精英抽样完成的基础上需要补充的抽样样本数目 ΔN 为

$$\Delta N = \text{int}\left[\frac{\lg(q_2\%) - \lg(q_1\%)}{\lg(1-p\%)} + 1\right] \tag{2.4}$$

2.1.1.2 有限个数解时 $p\%$ 精英解

假设解空间中的个体的总数量为 M，对所有解按照性能好坏进行排序，认为处于前 n 个的解都是精英解，则连续随机生成 N 个解，都不是处于前 n 个解的概率为 $\left(1-\frac{n}{M}\right)\left(1-\frac{n}{M-1}\right)\cdots\left[1-\frac{n}{M-(N-1)}\right]$。

假设要求连续随机生成的 N 个候选解都不是处于前 n 个的解的概率不大于 $q\%$，则有

$$\left(1-\frac{n}{M}\right)\left(1-\frac{n}{M-1}\right)\cdots\left[1-\frac{n}{M-(N-1)}\right] \leqslant q\% \tag{2.5}$$

对式（2.5）采用迭代计算的方法可以求得所需要的最少抽样数 N'_{min}，也即，只要随机生成的候选解数目不少于 N'_{min}，则就有 $1-q\%$ 的可能性在这 N'_{min} 个候选解中，至少有一个是处于前 n 个的满意解。相当于 $(n/M)\%$ 精英的满意解和 $(n/M)\%$ 精英抽样的效果。

迭代获得 N'_{min} 的具体步骤为：

（1）初始化，给定 M 及 n，令 $N=1$，$t=1$。

（2）计算 $t = t\left(1-\frac{n}{M+1-N}\right)$。

（3）判断 $t \leqslant q\%$ 是否成立，若成立则进行第（4）步；否则 $N=N+1$，返回第（2）步。

（4）$N'_{\min}=N$。

一般情况下，$N'_{\min}<N_{\min}$；M 越大，$N'_{\min}$ 越接近 $N_{\min}$；当 M 大于某一值 M' 时，$N'_{\min}=N_{\min}$。一旦 $p\%$ 和 $q\%$ 确定后，M' 同样能够通过迭代计算得到，当 $N'_{\min}=N_{\min}$ 时，M' 与一些 $p\%$ 和 $q\%$ 的对应关系见表 2.2。

表 2.2　　　　　　$N'_{\min}=N_{\min}$，时 M' 与一些 $p\%$ 和 $q\%$ 的对应关系

$N'_{\min}$	$q\%$	$p\%$	M'
459	1%	1%	499796
919	1%	0.5%	579014
4603	1%	0.1%	12218000
9209	1%	0.05%	112780800
46050	1%	0.01%	2655830000
92102	1%	0.005%	41945740000

上述 $p\%$ 精英抽样方法中对各个候选解的分析和评价的过程可以采用并行算法以提高其效率，对于一般工程问题，若不需要得到严格的最优解，则单纯借助上述方法就能够得到满意解。

2.1.1.3　P 里挑 1 抽样及与 $p\%$ 精英抽样的关系

在解空间中，随机进行 P 次抽样，从中选出性能最好的那个，称为 **P 里挑 1 的满意解**，相应的抽样称为 **P 里挑 1 抽样**。

结合 2.1.1.1 与 2.1.1.2 所论述的内容，可以得出 P 里挑 1 抽样与解的个数无穷多时抽样或有限个数解时抽样的对应关系，即令 $N_{\min}=P$，并据此可以得到解的个数无穷多时抽样的 $p\%$ 和 $q\%$ 或有限个数解时的抽样方案，反映出 P 里挑 1 抽样相当于为获得前 $p\%$ 精英解所进行的可信度为 $1-q\%$ 的精英抽样。

例如，由式（2.2）计算可以得知，如进行 100 里挑 1 抽样，相当于进行可信度为 99% 的 4.51% 精英抽样；进行 1000 里挑 1 抽样，相当于进行可信度为 99.9% 的 0.6884% 精英抽样；进行 10000 里挑 1 抽样，相当于进行可信度为 99.99% 的 0.09207% 精英抽样。

例如，进行可信度为 99% 的 1% 精英抽样相当于进行了 459 里挑 1 抽样；进行可信度为 99.9% 的 0.1% 精英抽样相当于进行了 6905 里挑 1 抽样；进行可信度为 99.99% 的 0.01% 精英抽样相当于进行了 92099 里挑 1 抽样。

2.1.2　抽样的均匀性

为了使随机抽样所得样本在解空间内均匀分布，$p\%$ 精英抽样需要在均匀抽样的前提下进行，同一优化问题的解空间构成方法不同，其解空间中个体的分布就可能不同，对非均匀分布的个体抽样会导致优化结果的可靠性有所下降，因此在抽样前需要判断解空间中的个体是否满足均匀分布。

2.1.2.1　解的个数无穷多时个体的均匀性

对于变化范围连续的控制变量 x_1，x_2，$\cdots$，x_i，假设其变化范围分别为 ΔC_{d1}，ΔC_{d2}，$\cdots$，ΔC_{di}，若随机抽样得到的个体落入解空间中任一由各维控制变量子区间

$[x_{1,1}, x_{1,2}]$，$[x_{2,1}, x_{2,2}]$，…，$[x_{i,1}, x_{i,2}]$ 构成的"小超球"中的概率为

$$P\{x_{1,1}\leqslant x_1 \leqslant x_{1,2}, x_{2,1}\leqslant x_2 \leqslant x_{2,2}, \cdots, x_{i,1}\leqslant x_i \leqslant x_{i,2}\} = \frac{x_{1,2}-x_{1,1}}{\Delta C_{d1}}\frac{x_{2,2}-x_{2,1}}{\Delta C_{d2}}\cdots\frac{x_{i,2}-x_{i,1}}{\Delta C_{di}}$$

$$(2.6)$$

则称所有个体在解空间中均匀分布。

式（2.6）说明随机抽样所得个体落入解空间中任一"小超球"的概率只与各维控制变量子区间长度有关，而与子区间位置无关。因此，随机抽样所得个体落入任一相同大小"小超球"内的可能性相等，即解空间中个体满足均匀分布，对其均匀抽样后即可得到均匀分布的样本。

2.1.2.2 有限个数解时个体的均匀性

已知解空间中个体的总数量为 M，X 表示解空间中的一个个体，若在解空间中随机抽取一个个体的概率均为

$$P\{X=X_j\}=\frac{1}{M} \qquad (j=1,2,\cdots,M)$$

$$(2.7)$$

则称所有个体在解空间中是均匀分布的。

由式（2.7）可以看出，当解空间中任一个体被抽中的概率相同，且为 $1/M$ 时，则个体满足均匀分布，对其均匀抽样后即可得到均匀分布的样本。

例如，若需要确定 3 台无功补偿设备的投切状态时，其解空间中个体总数为 8 个。若分别以各无功补偿设备的投切状态为对象抽样，将随机抽样得到的各无功补偿设备投切状态构成一个个体，则每个个体被抽中的概率为 $1/2^3$，其个体满足均匀分布的要求。但若以投入运行的无功补偿设备数量为对象抽样时，抽中 3 台设备均投入运行的个体的概率为 $1/4$，抽中 2 台设备投入运行的个体的概率为 $1/12$，抽中 1 台设备投入运行的个体的概率为 $1/12$，抽中 3 台设备均切除的概率为 $1/4$，说明在这种情况下解空间中个体的分布为非均匀分布。

2.1.3 约束条件的影响

2.1.3.1 可行解比例

定义可行解的比例 η 为：样本中可行解的数量与全体抽样数量之比。

在实际应用中，待考察的候选解空间中符合约束条件要求的可行解所占的比例 η 往往不能事先获知，需要在抽样过程中逐渐逼近，当抽样充分时才能获得，具体方法如下。

采用不重复的抽样策略，即每次新抽的样本与已抽到的样本不重复，每 Δn 次抽样后，在已抽到的样本内对可行解所占的比例进行一次统计，从而形成一个可行解所占的比例关于抽样次数的"时间序列" $\eta(n)$。随着抽样次数的增大，可行解所占的比例逐渐收敛于其真实值，但往往存在一定的波动。取 $\eta(n)$ 最近 m（如 $m=5\sim10$）次的平均值用 $\eta_a(n-m,n)$ 表示，再进行 h（如 $h=2\sim5$）次抽样，获得 $\eta(n)$ 最近 m（如 $m=5\sim10$）次的平均值用 $\eta_a(n-m+h, n+h)$ 表示。如果满足式（2.8），则取 $\eta_a(n-m+h, n+h)$ 为待考察的候选解空间中符合约束条件要求的可行解所占的比例的估计值 $\hat{\eta}$。

$$|\eta_a(n-m+h, n+h) - \eta_a(n-m, n)| \leqslant \varepsilon_a$$

$$(2.8)$$

式中：ε_a 为满意阈值。

式（2.8）表明，对于 $\eta_a(n-m，n)$，再进行 h 次抽样后，可行解的比例没有明显变化。

2.1.3.2 可行解空间内的 $p\%$ 精英抽样

假设在有限个数解抽样方案下，在无任何约束条件下，待考察的候选解的个数为 K。引入一组约束条件后，待考察的候选解的个数减少了 Δk_s，则定义该组**约束条件的强度** H_p 为

$$H_p = \frac{\Delta k_s}{K} \times 100\%　　　　(2.9)$$

设在无约束条件下需要进行 P 里挑 1 抽样，则在满足约束条件的可行解空间内只需进行 P_1 里挑 1 抽样即可，其中

$$P_1 = \left(1 - \frac{\Delta k_s}{K}\right)P　　　　(2.10)$$

对于 $p\%$ 精英抽样的情形，则可根据 2.1.1.3 论述的与 P 里挑 1 抽样的关系进行相应折算。

对于解的个数无穷多时抽样和有限个数解时抽样的情形，假设引入约束条件后，待考察的候选解空间中符合约束条件要求的可行解所占的比例为 η，则在符合约束条件的解中获得的 $p\%$ 精英解，就相当于无约束条件下的全体解空间中获得的 $p\eta\%$ 精英解。换句话说，若希望得到在全体解空间中的 $p\%$ 精英解，则只需要在满足约束条件的可行解空间内搜索出 $(p/\eta)\%$ 精英解即可。

例如，在引入约束条件后，待考察的候选解空间中符合约束条件要求的可行解所占的比例为 5%，若希望得到在全体解空间中的 0.1%（即千分之一）精英解，则只需要在满足约束条件的可行解空间内搜索出 2% 精英解即可。

2.1.3.3 约束条件的松弛收益

约束条件的松弛收益定义为将一组约束条件 s_1 放宽到另一组约束条件 s_2 后，记为 $s_1 \Rightarrow s_2$，对 $p\%$ 精英解性能的改善。

对于具有 m 个目标的优化问题，假设各个目标均是越大越好，约束条件的松弛对第 i 项目标性能的收益 $f_i(s_1 \Rightarrow s_2)$ 为

$$f_i(s_1 \Rightarrow s_2) = f_{i,\text{opt}}(s_2) - f_{i,\text{opt}}(s_1)　　　　(2.11)$$

式中：$f_{i,\text{opt}}(s_1)$ 和 $f_{i,\text{opt}}(s_2)$ 分别为约束条件 s_1 和约束条件 s_2 情况下，精英解的第 i 项目标的性能。

相对收益率 $f_i(s_1 \Rightarrow s_2)\%$ 为

$$f_i(s_1 \Rightarrow s_2)\% = \frac{f_{i,\text{opt}}(s_2) - f_{i,\text{opt}}(s_1)}{f_{i,\text{opt}}(s_1)}　　　　(2.12)$$

m 个目标的综合收益率 $f(s_1 \Rightarrow s_2)\%$ 为

$$f(s_1 \Rightarrow s_2)\% = \sqrt{\sum_{i=1}^{m}\left[f_i(s_1 \Rightarrow s_2)\%\right]^2}　　　　(2.13)$$

单独松弛一组约束条件中的某一个约束条件后得到的收益和相对收益率称为相应**约束**

条件的灵敏度。
‥‥‥‥‥

约束条件的松弛收益率越高，反映原约束条件的限制越大，则优化的潜力越大，也就越需要考虑是否有必要适当松弛约束条件。具体做法可以根据实际当中的可操作性并参考各个约束条件的灵敏度从高到低的排序进行。对于松弛收益率低的情形则没有必要对约束条件进行松弛，根据实际需要甚至可以考虑适当加强部分约束条件。

2.1.4 精英优化的充分性

在优化中对 $p\%$ 精英抽样的充分性进行评估，能够有效地指导工程技术人员合理设置 $p\%$ 的大小。

对于 $p\%$ 精英优化问题，如果进行了 N 次抽样后得到的性能与进行了 N_f（$N \gg N_f$）次抽样后得到的性能大致相同（差别在一个事先确定的很小的范围内），则认为 N_f 次抽样是充分的，否则认为 N_f 次处理是不够充分的。

虽然采用 2.1.1 描述的 $p\%$ 精英抽样可以以一定的可信度确保得到性能处于前 $p\%$ 的解，但是对于优化问题而言，还希望对得到的性能处于前 $p\%$ 的解究竟有多好进行评估。如果继续增大抽样数目对于改进优化的效果不够明显，则可以认为已经找到了满意的精英解；若继续增大抽样数目能够显著改进优化的效果，则认为已经找到的精英解仍不够满意，可以重新设定 $p\%$ 的取值，在原有抽样的基础上继续增大抽样数目，使优化结果满足充分性的要求。

在进行 $p\%$ 精英抽样时，随着抽样数目的增加 $p\%$ 值逐渐减小至设定值 $p_k\%$，将 $p\%$ 值按等间隔形成一个序列（$p_1\%$，$p_2\%$，$p_3\%$，…，$p_k\%$），$p_k\%$ 为 $p\%$ 当前设定值，则对于该序列中的任何一个 $p\%$ 值（如 $p_i\%$），搜索出 $p_i\%$ 下得到的性能排列在第 1 位的解的性能指标 $f_{1,i}$ 和性能排列在第 h 位的解的性能指标 $f_{h,i}$。

根据随机生成的候选解得到 $p\%$ 序列和 f_1 与 f_h 序列，一种可行的方法为

$$\Delta p\% = p_k\%/k \tag{2.14}$$

$$p_i\% = \frac{\Delta p\%}{i} \qquad (i=1,2,3,\cdots,k) \tag{2.15}$$

从前 $N_{min,1}$（对应 p_1）个候选解中得到 $f_{1,1}$ 与 $f_{h,1}$；从前 $N_{min,2}$（对应 p_2）个候选解中得到 $f_{1,2}$ 与 $f_{h,2}$；……；从前 $N_{min,k}$（对应 p_k）个候选解中得到 $f_{1,k}$ 与 $f_{h,k}$。

定义 f_1 和 f_h 随 $p\%$ 的变化率 $d_{1,i}$ 和 $d_{h,i}$ 分别为

$$d_{1,i} = \frac{\partial f_1}{\partial p}\bigg|_{p_i} \approx \frac{f_{1,i} - f_{1,i-1}}{p_i - p_{i-1}} \tag{2.16}$$

$$d_{h,i} = \frac{\partial f_h}{\partial p}\bigg|_{p_i} \approx \frac{f_{h,i} - f_{h,i-1}}{p_i - p_{i-1}} \tag{2.17}$$

根据 f_1 和 f_h 随 $p\%$ 的变化情况就可以评估出所得优化结果是否满足充分性。若存在多项目标性能，则 $p\%$ 序列下相同排名的目标性能差异通过其各目标性能差异的方根值表示。

（1）若对于 $i=k-L \sim k$（L 一般可取 3～6）都满足式（2.18）和式（2.19），则在 $p_k\%$ 下获得的精英解是满意的。

$$d_{1,i} < \varepsilon_d \text{ 且 } d_{h,i} < \varepsilon_d \qquad (2.18)$$

$$f_{1,i} - f_{h,i} < \varepsilon_f \qquad (2.19)$$

式中：ε_d、ε_f 为预先设置的满意阈值。

这种情况下 f_1 和 f_h 随 $p\%$ 的变化曲线如图 2.1（a）所示。由图可见，即使继续减小 $p\%$，对 f_1 和 f_h 的改进作用都不大，且 f_1 与 f_h 比较接近，表明在最优解附近性能好的解的密度比较大。

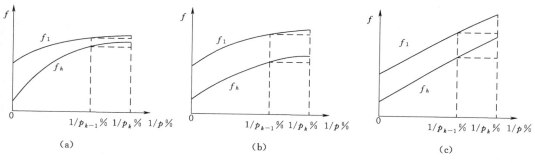

图 2.1　f_1 和 f_h 随 p 的变化情况

（2）若对于 $i = k - L \sim k$，都满足式（2.20）和式（2.21），则在 $p_k\%$ 下获得的精英解是满意的。

$$d_{1,i} < \varepsilon_d \text{ 且 } d_{h,i} < \varepsilon_d \qquad (2.20)$$

$$f_{1,i} - f_{h,i} \geqslant \varepsilon_f \qquad (2.21)$$

这种情况下 f_1 和 f_h 随 p 的变化曲线如图 2.1（b）所示。由图可见，即使继续增大 $p\%$，对 f_1 和 f_h 的改进作用都不大，但是 f_1 与 f_h 相距比较远，表明在最优解附近性能好的解的密度比较小。

（3）若对于 $i = k - L \sim k$，存在有

$$d_{1,i} \geqslant \varepsilon_d \text{ 或 } d_{h,i} \geqslant \varepsilon_d \qquad (2.22)$$

则不能将在 $p_k\%$ 下获得的最优解判定为满意的，还需要继续增加抽样次数再做观察。

这种情况下 f_1 和 f_h 随 $p\%$ 的变化曲线如图 2.1（c）所示。由图可见，继续减小 $p\%$，对 f_1 或 f_h 的性能具有明显改进作用，则应该增加抽样次数。

2.1.5　精英优化法的优质性

2.1.5.1　优质性检验原则

利用已知最优解的测试函数对精英优化法的优质性进行测试，优质的优化过程必须满足 1.3.2 描述的小差距原则和小概率原则。

1. 小概率原则检验

在可信度 $1 - q\%$ 很高的情况下，解空间中比得到的满意解更优的解的概率最大也不会超过 $p\%$，因此只要满足

$$p\% \leqslant \varepsilon_p \qquad (2.23)$$

则小概率原则检验必然能够通过，式中 ε_p 为所认为满意的小概率阈值。

因此，要保障 P 里挑 1 精英解的优质性，必须设置足够高的可信度和满意度。

2. 小差距原则检验

对于测试函数 f（设目标函数 f 越大越优越），设其最优解为 f_1，采用精英优化法优化结果为 f_2，若有

$$E(f_1 - f_2) \leqslant \varepsilon_{fe} \tag{2.24}$$

则认为精英优化法的优化结果满足小差距原则。式（2.24）中，函数 $E(x)$ 表示求 x 的均值，ε_{fe} 为认为满意的小差距阈值，$\varepsilon_{fe} > 0$。

2.1.5.2 例子

利用 Shaffer's F6 测试函数对所提出的精英优化法进行测试，已知 Shaffer's F6 测试函数有最小值 0，该最小值所对应的点为（0，0）。

$$f(x) = 0.5 + \frac{\sin^2 \sqrt{x_1^2 + x_2^2} - 0.5}{[1.0 + 0.001(x_1^2 + x_2^2)]^2} \tag{2.25}$$

表 2.3 是将 $q\%$ 设定为 1%，$p\%$ 分别设定为 1%、0.5%、0.1%、0.05%、0.01% 和 0.005% 时利用精英优化法各优化 100 次所得的结果。

表 2.3　　　　　　　　　　　测 试 函 数 优 化 结 果

$p\%$	1%	0.5%	0.1%	0.05%	0.01%	0.005%
最优值	0.0098	0.0097	0.0057	0.0032	6.46×10^{-4}	2.32×10^{-4}
平均值	0.1139	0.0802	0.0290	0.0232	0.0105	0.0096

由表 2.3 可以看出，随着 $p\%$ 的减小，100 次优化所得最优值和平均值均减小。若令 $\varepsilon_p = 1\%$，$\varepsilon_f = 0.01$，则当 $p\%$ 为 0.005% 时的精英优化为优质优化。

2.1.6 解空间的离散化

在实际应用中，条件变量存在不确定性，控制也可能存在偏差，控制策略若对于上述不确定性和偏差过于敏感，在实际当中有时会表现出很差的性能。

对优化问题来说，一个控制策略的性能适应条件变量不确定性和控制偏差等因素的能力称为该控制策略的鲁棒性，即要求控制策略的性能在一定条件变量变化范围和控制偏差范围内不发生不可接受的劣化。所谓的"范围"称为相应条件变量或控制变量的鲁棒空间。

合理利用鲁棒空间，可以避免抽样点过于紧密，从而改善抽样优化的性能。另外，$p\%$ 精英抽样也可以作为鲁棒性评价的一种简便方法。

对于一个具有 M 个控制变量的优化问题，假设对于每一个控制变量的调节精度都有明确的限制，比如，对于第 i 个控制变量 x_i，假设其调节精度范围为 Δc_{di}，其可能的取值范围为 ΔC_{di}，若以 $0.5\Delta c_{di}$ 为该调节变量的取值间距构成**筛选网格**，则采用 N_K 个抽样就可以构造出其全部解空间。

$$N_K = \prod_{i=1}^{M} \frac{2\Delta C_{di}}{\Delta c_{di}} \tag{2.26}$$

也即，若在筛选出来的每一个由 M 个控制变量构成的"小超球"内，随机抽取一个个体的性能反映该"小超球"内所有解的性能，称该个体为示范点。

上述抽样方案就是有限个数解时解空间的典型构成方式之一。虽然在一些情况下，有

可能所抽取的示范点性能较差，而同一个"小超球"内的某一个点的性能很好，似乎示范点的性能不能代表该"小超球"内所有解的性能。但是，上述情形下该"小超球"内的解的鲁棒性必定是不能满足要求的，因此该"小超球"内的解都可以被忽略。由于筛选网格在各维上的尺度是结合相应维控制变量的控制精度设置的，因此在满足鲁棒性要求的条件下，在某个"小超球"内的所有解的性能都应当相差不大。

鲁棒性考虑到了现实当中控制变量的调节精度，若在该精度所确定的范围内，目标函数的性能起伏过大，则认为鲁棒性不符合要求。下面以一维控制变量的情形为例进行分析。

如图 2.2 所示。若在该精度所确定的范围内，目标函数的性能比较平缓，则认为鲁棒性符合要求，反之认为鲁棒性不符合要求。

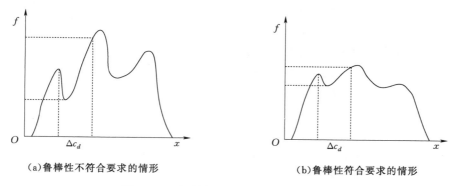

(a)鲁棒性不符合要求的情形   (b)鲁棒性符合要求的情形

图 2.2 目标性能随控制变量的变化情况

可以看出，若筛选网格选择为 Δc_d 或更大，则对于符合鲁棒性要求的情形，有可能使变化趋势平缓的部分分裂开来处于相邻两个"小超球"内而分别都显得起伏过于剧烈，导致遭到误忽略，从而遗漏了一个本来鲁棒性满足要求的候选解，如图 2.3 （a）所示。

当筛选网格选择为 $0.5\Delta c_d$ 或更小时，则对于符合鲁棒性要求的情形，无论怎样将其割裂，总可以使变化趋势平缓的部分落入至少一个"小超球"内，抽样时不至于将其误忽略（当然，若该"小超球"内的性能普遍较差，还是会被忽略的，但这种情况本来就该忽略，而不属于误忽略），若优化问题的控制变量有 N_k 个，则可以通过 2^{N_k} 个"小超球"反映以 $0.5\Delta c_d$ 为筛选网格所形成的"超球"，如图 2.3 （b）所示。

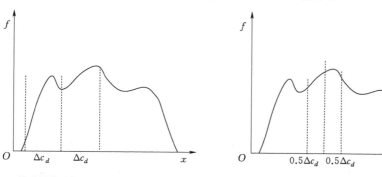

(a)筛选网格选择为 Δc_d 而遭误忽略的情形   (b)筛选网格选择为 $0.5\Delta c_d$ 不至于被误忽略

图 2.3 筛选网格大小对示范点性能的影响

将取值连续的控制变量离散化后能够有效地减少解空间中个体的数量，但同时由于解空间中个体数量的减少可能会引起优化结果的劣化，可以采用文献［2］提出的深度寻优法对第一次优化结果进一步优化，从而改善优化结果。

2.2 单目标精英优化法的应用

本节结合若干实例，论述单目标精英优化法的应用。

2.2.1 精英优化法在电力系统无功优化中的应用

电力系统无功优化是对有功电源、有功负荷和有功潮流分布均已知的系统。通过对系统中可调压发电机节点电压、可调压变压器分接头档位和无功补偿设备的补偿容量等的综合调节，在满足所有约束条件的基础上，获得能够提高系统某一项或多项性能指标的最优运行方式。电力系统无功优化问题的控制变量分为离散和连续两类。

2.2.1.1 电力系统无功优化数学模型

1. 目标函数

电力系统无功优化的目标主要分为系统有功网损最小、系统电压质量最优、系统无功注入总成本最小等。下面以系统有功网损最小为目标函数进行说明。

系统有功网损最小的目标函数为

$$\min P_{\text{loss}} = \min \sum_{k=1}^{n_l} G_{ij} [U_i^2 + U_j^2 - 2U_i U_j \cos\theta_{ij}] \tag{2.27}$$

式中：P_{loss} 为系统有功网损；n_l 为支路总数；U_i、U_j 分别为节点 i、j 的电压幅值；θ_{ij} 为节点 i、j 的电压相角差；G_{ij} 为支路电导。

2. 约束条件

（1）等式约束条件，即满足潮流方程

$$P_{Gi} - P_{Li} = U_i \sum_{j=1}^{N_l} U_j (G_{ij}\cos\theta_{ij} + B_{ij}\sin\theta_{ij}) \tag{2.28}$$

$$Q_{Gi} + Q_{Ci} - Q_{Li} = U_i \sum_{j=1}^{N_l} U_j (G_{ij}\sin\theta_{ij} + B_{ij}\cos\theta_{ij}) \tag{2.29}$$

式中：N_l 为系统节点总数；P_{Gi}、P_{Li} 分别为各发电机节点和负荷节点有功功率；Q_{Gi}、Q_{Li} 分别为各发电机节点和负荷节点无功功率；Q_{Ci} 为无功补偿设备的补偿容量；B_{ij} 为支路电纳。

（2）控制变量不等式约束，即

$$U_{Gi\min} \leqslant U_{Gi} \leqslant U_{Gi\max} \tag{2.30}$$

$$Q_{Cj\min} \leqslant Q_{Cj} \leqslant Q_{Cj\max} \tag{2.31}$$

$$T_{t\min} \leqslant T_t \leqslant T_{t\max} \tag{2.32}$$

式中：$U_{Gi\max}$、$U_{Gi\min}$ 分别为各发电节点电压上、下限；$Q_{Cj\max}$、$Q_{Cj\min}$ 分别为各无功补偿设备补偿容量上、下限；$T_{t\max}$、$T_{t\min}$ 分别表示各可调压变压器分接头档位上、下限。

（3）条件变量不等式约束，即

$$U_{Dj\min} \leqslant U_{Dj} \leqslant U_{Dj\max} \tag{2.33}$$

$$Q_{Gi\min}\leqslant Q_{Gi}\leqslant Q_{Gi\max} \tag{2.34}$$

式中：$U_{Dj\max}$、$U_{Dj\min}$ 分别为各负荷节点电压上、下限；$Q_{Gi\max}$、$Q_{Gi\min}$ 分别为各发电机无功出力上、下限。

2.2.1.2 解空间的构成

电力系统无功优化问题的控制变量分为可调压变压器分接头档位、无功补偿器的补偿容量和可调压发电机节点电压，其中可调压变压器分接头档位、无功补偿器的补偿容量为离散变量，而可调压发电机节点电压为连续变量，符合解的个数无穷多时的情形。其解空间由控制变量的所有不同取值组合构成，即各控制变量以其取值范围为坐标轴构成的多维"超球"区域，对各控制变量取值后便得到解空间中的一个个体，解空间中的个体为均匀分布。

2.2.1.3 优化策略

利用精英优化法进行电力系统无功优化时按照式（2.2）计算最少抽样数目 $N_{\min}$。由于控制变量的数量已知，则对各控制变量均匀即可。

$N_{\min}$ 个个体的抽样策略是对各控制变量在其变化范围内随机取值，得到一个个体，判断该个体是否与已有个体相同，若相同则重新抽取。

将抽得的控制变量取值代入系统参数中，采用牛顿-拉夫逊法对该系统做潮流计算，对计算结果需要判断其条件变量是否符合不等式约束条件，判断顺序为：

（1）判断该系统各节点电压是否满足其不等式约束。若满足则进入下一步判断，若不满足则重新抽取。

（2）判断该系统各发电机无功出力是否满足不等式约束。若满足则记为可行解，并计算目标函数值，反之视为不可行解。

若不考虑约束条件的影响，理论上能够通过最少抽样数目 $N_{\min}$ 在整个解空间中获 $p\%$ 精英解，但是考虑到约束条件影响后，可能会抽样得到部分不可行解。为了避免不可行解参与到优解的排序中，若通过判断得到不可行解后直接删除该解，直到抽样所得可行解的数目达到最少抽样数目 $N_{\min}$ 后抽样结束，能够得到可行解中的 $p\%$ 精英解。若该电力系统无功优化问题的可行解比例为 η，则已获得的可行解中的 $p\%$ 精英解为全体解空间中的 $p\eta\%$ 精英解。图 2.4 所示为基于精英优化法的电力系统无功优化结构流程图。

2.2.1.4 算例分析

IEEE 30 节点系统结构如图 2.5 所示。该系统中节点 1 为平衡节点，另有 5 个可调压发电机节点（节点 2、5、8、11、13），4 条可调压变压器支路（支路 9-6、6-10、12-4、28-27），2 个无功补偿节点（节点 10、24），系统基准功率为 100MVA。系统的详细参数见文献 [3]。

系统控制变量相关参数见表 2.4，系统中 PQ 节点电压的上下限为 1.05～0.95p.u.，发电机无功上下限取自文献 [3]。

表 2.4 控制变量相关参数

变量	控制范围/p.u.	调节步长/p.u.
U_G	0.9～1.1	连续
T_t	0.9～1.1	0.025
$Q_{C_{10}}$	0～0.5	0.100
$Q_{C_{24}}$	0～0.1	0.020

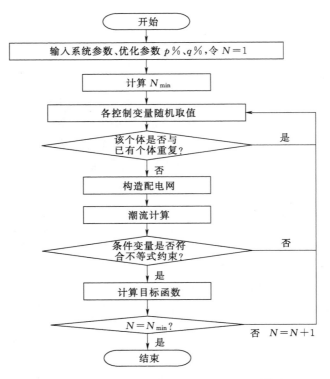

图 2.4　基于精英优化法的电力系统无功优化结构流程图

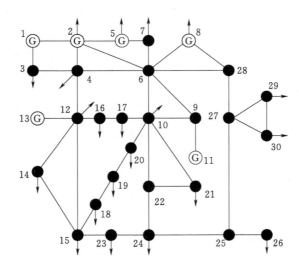

图 2.5　IEEE 30 节点的系统结构图

利用精英优化法对本算例进行无功优化前初始参数设置如下：$p\%$ 精英抽样时，取 $p\%=0.5\%$、$q\%=1\%$，由式（2.2）求得最少抽样数目 $N_{min}=919$。验证精英优化的充分性时，$\varepsilon_d=0.05$、$\varepsilon_f=0.005$、$k=10$。

对上述算例进行三次优化，分析了三次精英优化的充分性，取 $i=6\sim10$，$h=5$，三次优化时所得 $d_{1,i}$、$d_{5,i}$ 和 $f_{1,i}-f_{5,i}$ 序列分别见表 2.5。并将所得结果与文献［4］中遗传算法、内点法及混合策略的优化结果进行对比，对比结果见表2.6（表中数据均为标幺值）。

表 2.5　　　　　精英优化的充分性判定参数

参数	$d_{1,i}$	$d_{5,i}$	$f_{1,i} - f_{5,i}$
第一次优化	(0, 0.023, 0, 0)	(0, 0.002, 0, 0.005)	(0.00078, 0.00078, 0.0027, 0.0027, 0.0024)
第二次优化	(0, 0, 0.003, 0)	(0.002, 0, 0.008, 0)	(0.0012, 0.0009, 0.0009, 0.0006, 0.0006)
第三次优化	(0, 0, 0, 0)	(0, 0, 0.001, 0.003)	(0.0017, 0.0017, 0.0017, 0.0016, 0.0015)

由表2.5以看出，三次精英优化后所得优化结果均满足精英优化的充分性判据（1）〔即式（2.18）和式（2.19）〕，说明继续减小 $p\%$，对 f_1 和 f_5 都不会起到明显的改进作用，且 f_1 与 f_5 比较接近，表明在最优解附近性能好的解的密度比较大。上述结果说明对本算例采用0.5%精英优化后其结果满足精英优化的充分性要求。

表 2.6　　　　　优 化 结 果 对 比

参数	精英优化法			遗传算法	内点法	混合算法
	第一次	第二次	第三次			
P_{loss}	0.069511	0.070078	0.069868	0.0773	0.0666	0.0672

注　遗传算法、内点法和混合算法参见文献〔4〕。

三次优化后得到整个解空间中可行解比例估计值分别为 0.0725%、0.0754% 和 0.0769%。由表2.6可见，三次优化结果均明显优于文献〔4〕遗传算法，与内点法和混合算法相比虽然略有不足，但是能够获得满足要求的精英解，并且能够体现出随机优化方法适用于任意工程优化问题，优化原理简单，不必针对具体问题采取专门的处理措施。表2.7给出了三次精英优化法优化后所得 $p\%$ 精英解的控制变量取值。

表 2.7　　　　　三次优化后 $p\%$ 精英解控制变量取值

变量	第一次优化	第二次优化	第三次优化
U_{G1}	1.066	1.068	1.069
U_{G2}	1.060	1.052	1.067
U_{G5}	1.045	1.030	1.026
U_{G8}	1.046	1.034	1.048
U_{G11}	1.073	1.089	1.052
U_{G13}	1.053	1.064	1.048
U_{t9-6}	0.925	1.000	1.000
U_{t6-10}	1.050	1.050	0.950
U_{t12-4}	1.050	1.025	1.025
U_{t28-27}	0.975	0.950	0.975
Q_{C10}	0.3	0.1	0.1
Q_{C24}	0.1	0.02	0.1

　　图 2.6 所示为三次精英优化法优化后 IEEE 30 节点测试系统各节点电压对比曲线，从曲线中可以看出，三次优化后系统各节点电压均在正常范围内。

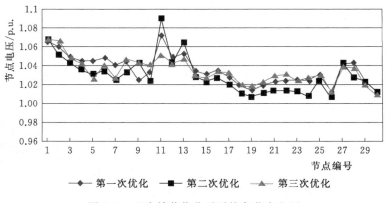

图 2.6　三次精英优化后系统各节点电压

2.2.2　基于精英优化法的配电网络重构

　　配电网在电力系统中承担着十分重要的角色，处于整个电力系统的最末端，合理优化配电网的运行方式能够提高电力系统运行的经济性。配电网络重构是在系统结构、电压质量和各支路传输功率都满足要求的基础上，合理安排配电网络中联络开关和分段开关的运行状态，从而改善配电网络结构，获得能够提高系统某一项或多项性能指标的最优运行方式。配电网络重构是典型的非线性整数组合优化问题。

2.2.2.1　配电网络重构数学模型

　　1. 目标函数

　　配电网中的有功损耗主要由线路损耗、变压器损耗和其他设备损耗构成，三者中线路损耗的占比最大。减小配电网的有功网损是提高电力系统经济性的有效手段之一，因此以配电网有功网损最小为目标函数，即

$$\min P_{\text{loss}} = \min\left(\sum_{i=1}^{n_l} l_{ki} r_{li} \frac{P_{li}^2 + Q_{li}^2}{U_{li}^2} \right) \tag{2.35}$$

$$l_{ki} = \begin{cases} 1 & \text{（开关断开）} \\ 0 & \text{（开关闭合）} \end{cases} \tag{2.36}$$

式中：l_{ki} 为各支路开关状态；r_{li} 为各支路电阻；U_{li} 为各支路末端节点电压；P_{li} 为各支路有功功率；Q_{li} 为各支路无功功率。

　　2. 约束条件

　　配电网络重构的约束条件分为等式约束和不等式约束。

　　（1）等式约束。等式约束条件即要求配电网络重构后必须满足潮流方程，由于配电网为辐射状运行，因此采用前推回代法对配电网的拓扑结构进行潮流计算。

　　（2）不等式约束。

$$U_{li\min} \leqslant U_{li} \leqslant U_{li\max} \tag{2.37}$$

$$S_{lj} \leqslant S_{lj\max} \tag{2.38}$$

式中，$U_{li\max}$、$U_{li\min}$分别为各支路末端节点电压上、下限；S_{lj}、$S_{lj\max}$分别为各支路或变压器流过的功率和最大容许值。

（3）其他约束。重构后配电网应为辐射状网络，系统中无环网、无孤岛。

2.2.2.2 解空间的构成

配电网络重构问题要处理的对象是配电网中的联络开关和分段开关。在配电网中，相对于常闭的分段开关而言，联络开关只占很少的一部分。设配电网的联络开关数为N_S，则将N_S个联络开关均闭合后，原配电网中便形成N_S个环路。为了保证配电网为辐射状结构，必须在每个环路中选择一个开关断开。根据配电网络重构的这种特点将各环路中所有开关形成开关集合，以各环路断开开关编号作为控制变量。

为了便于区分，可将全网的联络开关和分段开关以自然数顺序编号，则系统中控制变量的个数为网络中的环路总数，每个控制变量的取值范围为环路内各开关。因此，只需知道环路数和环路中可操作的开关编号即可形成配电网络重构的解空间。图 2.7 所示为 IEEE 三馈线系统。

图 2.7 所示系统中有三个环路。环路 L_1 开关集合为 $\{S_{11}, S_{12}, S_{15}, S_{19}, S_{18}, S_{16}\}$；环路 L_2 开关集合为 $\{S_{16}, S_{17}, S_{21}, S_{24}, S_{22}\}$；环路 L_3 开关集合为 $\{S_{11}, S_{13}, S_{14}, S_{26}, S_{25}, S_{23}, S_{22}\}$。假设在环路 $L_1 \sim L_3$ 中分别打开开关 S_{15}、S_{21} 和 S_{26}，若以 1 表示开关闭合，0 表示开关断开，则在该条件下各环路开关状态分别为：环路 L_1 中各开关状态为 $\{1, 1, 0, 1, 1, 1\}$；环路 L_2 中各开关状态为 $\{1, 1, 0, 1, 1\}$；环路 L_3 中各开关状态为 $\{1, 1, 1, 0, 1, 1, 1\}$。该测试系统的解空间中的个体总数量为 $6 \times 5 \times 7 = 210$ 个，且解空间中个体为均匀分布。

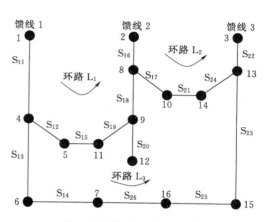

图 2.7 IEEE 三馈线系统

2.2.2.3 优化策略

配电网络重构问题是控制变量离散的优化问题，其解空间中的个体数量可以通过计算得到，因此属于有限个数解时 $p\%$ 精英解的情形，设定参数 n 和 $q\%$，通过式（2.5）求得最少抽样数目 $N'_{\min}$。图 2.8 所示为基于精英优化法的配电网络重构结构流程图。

从图 2.8 中可以看出，$N'_{\min}$ 个个体的抽样策略是先令配电网中各支路开关均闭合，形成环网开关集合，从各环路开关集合中均随机抽取一个开关断开，但不同环路不能同时断开相同开关，各开关状态确定后重新构造配电网。

对已构成的配电网需要考虑其是否符合约束条件，其判断步骤为：

（1）判断该配电网是否与已有个体重复，若不重复则进入下一步判断，反之则重新抽取。

（2）判断该配电网中是否存在环网和孤岛，若不存在则进入下一步判断，反之则视为不可行解。

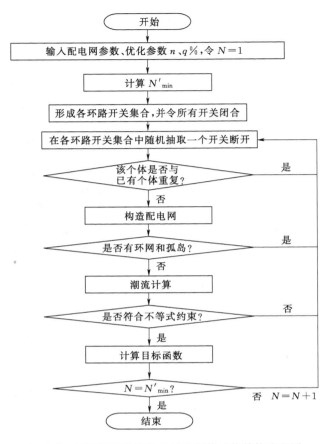

图 2.8　基于精英优化法的配电网络重构结构流程图

（3）判断该配电网是否符合潮流约束，对其进行潮流计算，若能得到有效结果则进入下一步判断，反之则视为不可行解。

（4）判断该配电网的状态变量是否满足不等式约束，若满足则记为可行解，并计算目标函数值，反之则视为不可行解。

若不考虑约束条件的影响，理论上能够通过最少抽样数目 $N'_{\min}$ 获得在整个解空间中排名在前 n 个的精英解，但是考虑到约束条件影响后，可能会抽样得到部分不可行解。为了避免不可行解参与到优解的排序中，将不可行解直接删除，直到抽样所得可行解的数目达到最少抽样数目 $N'_{\min}$ 后抽样结束，所得可行解中排名第一的解即为该配电网络重构问题中可行解中排名前 n 个的精英解。

2.2.2.4　算例分析

下面通过 IEEE 33 节点配电系统和美国 PG&E 69 节点配电系统两个典型算例对精英优化法的可行性进行验证。

1. 算例一

IEEE 33 节点系统的额定电压为 12.66kV、系统基准值为 10MVA、总负荷为 5084.26kW＋j2547.32kvar。其网络结构如图 2.9 所示，图中虚线表示初始网络联络开关，网络参数详见附录 A。

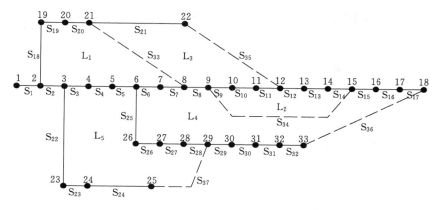

图 2.9 IEEE 33 节点系统

IEEE 33 节点系统各节点、开关和环路编号如图 2.9 所示。系统中原有 5 个联络开关 S_{33}、S_{34}、S_{35}、S_{36}、S_{37}，将这 5 个联络开关均闭合后形成 5 个环网，各环路开关集合见表 2.8。解空间中的个体的总数量为 $10 \times 7 \times 7 \times 11 \times 16 = 86240$ 个，精英优化法参数设置为 $n = 862$，即要求得到排名前 1% 的精英解，$q\% = 1\%$，由式（2.5）求得最少抽样数目 $N'_{min} = 458$。验证精英优化的充分性时 $\varepsilon_d = 10$、$\varepsilon_f = 10$、$k = 10$。

表 2.8   IEEE 33 节点系统各环路开关集合

环路号	开关集合
L_1	$\{S_2，S_3，S_4，S_5，S_6，S_7，S_{18}，S_{19}，S_{20}，S_{33}\}$
L_2	$\{S_9，S_{10}，S_{11}，S_{12}，S_{13}，S_{14}，S_{34}\}$
L_3	$\{S_8，S_9，S_{10}，S_{11}，S_{21}，S_{33}，S_{35}\}$
L_4	$\{S_6，S_7，S_8，S_{15}，S_{16}，S_{17}，S_{25}，S_{26}，S_{27}，S_{28}，S_{29}，S_{30}，S_{31}，S_{32}，S_{34}，S_{36}\}$
L_5	$\{S_3，S_4，S_5，S_{22}，S_{23}，S_{24}，S_{25}，S_{26}，S_{27}，S_{28}，S_{37}\}$

对 IEEE 33 节点系统进行三次优化，分析了三次优化过程的充分性，取 $i = 6 \sim 10$，$h = 5$，三次优化时所得 $d_{1,i}$、$d_{5,i}$ 和 $f_{1,i} - f_{5,i}$ 序列见表 2.9。

表 2.9   IEEE 33 节点系统精英优化的充分性判定参数

参数	$d_{1,i}$	$d_{5,i}$	$f_{1,i} - f_{5,i}$
第一次优化	(0, 0, 0, 0)	(0, 0, 8.7, 0)	(4.4, 4.4, 4.4, 3.2, 3.2)
第二次优化	(0, 0, 0, 0)	(0, 0, 0, 0)	(4.2, 4.2, 4.2, 4.2, 4.2)
第三次优化	(7.2, 8.5, 0, 0)	(5.9, 2.1, 5.04, 0)	(2.3, 2.6, 3.7, 3, 3)

由表 2.9 可以看出，三次精英优化后所得优化结果均满足精英优化的充分性判据（1）[即式（2.18）和式（2.19）]，说明继续增加抽样次数，对 f_1 和 f_5 都不会起到明显的改进作用，且 f_1 与 f_5 比较接近，表明在最优解附近性能好的解的密度比较大。上述结果说明对本算例采用 1% 精英优化后其结果满足精英优化的充分性要求。

未重构前，IEEE 33 节点系统初始有功网损为 202.64kW，其中系统最低电压位于节点 18。通过精英优化法优化三次所得结果见表 2.10。

表 2.10   IEEE 33 节点系统重构结果对比

参数	断开的开关	有功网损/kW	最低节点电压/p.u.
初始网路	S_{33}，S_{34}，S_{35}，S_{36}，S_{37}	202.64	0.9133
精英优化法（第一次）	S_7，S_{14}，S_9，S_{32}，S_{37}	139.47	0.9378
精英优化法（第二次）	S_7，S_{14}，S_9，S_{32}，S_{37}	139.47	0.9378
精英优化法（第三次）	S_7，S_{14}，S_{10}，S_{32}，S_{28}	140.63	0.9413
遗传算法[5]	S_7，S_{14}，S_9，S_{32}，S_{37}	139.47	0.9378
禁忌搜索算法[6]	S_7，S_{14}，S_9，S_{32}，S_{37}	139.47	0.9378

由表 2.10 可见，采用精英优化法优化三次后系统有功网损相比于初始网络分别下降了 31.17%、31.17% 和 30.6%。三次优化后所得整个解空间中可行解比例估计值分别为 0.0151、0.0152 和 0.0154，IEEE 33 节点系统解空间中个体总数为 86240 个，则通过第一次优化后可行解比例估计整个解空间中可行解的个体数大约为 1302 个，精英优化时在 1302 个可行解里随机抽取 458 个可行解，优化结果中有两次与文献 [5] 遗传算法和文献 [6] 禁忌搜索算法优化结果相同，其中一次优化结果略差，但是能够获得满足要求的精英解。

图 2.10 所示为三次精英优化法优化后算例一测试系统各节点电压对比曲线。从曲线中可以看出，三次优化后系统各节点电压均在正常范围内，且与初始网络相比系统电压水平有了明显改善。

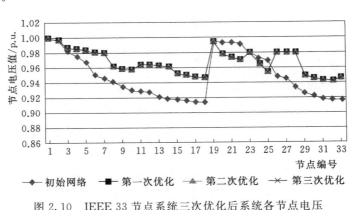

图 2.10   IEEE 33 节点系统三次优化后系统各节点电压

2. 算例二

美国 PG&E 69 节点系统的额定电压为 12.66kV，系统基准值为 10MVA，总负荷为 3802.19kW+j2694.60kvar。网络结构如图 2.11 所示，图中虚线表示初始网络联络开关，网络参数详见附录 B。

美国 PG&E 69 节点系统中各节点、开关和环路编号如图 2.11 所示。系统中原有 5 个联络开关 S_{69}、S_{70}、S_{71}、S_{72}、S_{73}，将这 5 个联络开关均闭合后形成 5 个环网，各环路开关集合见表 2.11。解空间中个体总数为 $8 \times 9 \times 17 \times 18 \times 26 = 572832$（个），精英优化法参数设置为 $n=2864$，即要求得排名前 0.5% 的精英解，$q\%=1\%$，由式（2.5）求得最少抽样数目 $N'_{min}=919$。验证精英优化的充分性时 $\varepsilon_d=70$、$\varepsilon_f=10$、$k=10$。

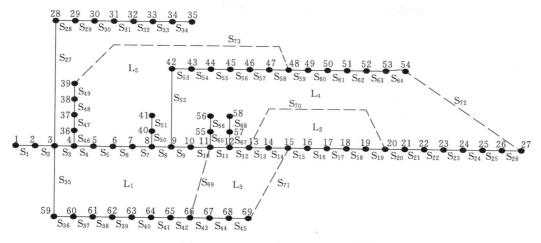

图 2.11 美国 PG&E 69 节点系统

表 2.11   **美国 PG&E 69 节点系统各环路开关集合**

环路号	开关集合
L_1	$\{S_{35}, S_{36}, S_{37}, S_{38}, S_{39}, S_{40}, S_{41}, S_{42}, S_{69}, S_{10}, S_9, S_8, S_7, S_6, S_5, S_4, S_3, S_{35}\}$
L_2	$\{S_{13}, S_{14}, S_{15}, S_{16}, S_{17}, S_{18}, S_{19}, S_{70}\}$
L_3	$\{S_{43}, S_{44}, S_{45}, S_{71}, S_{14}, S_{13}, S_{12}, S_{11}, S_{69}\}$
L_4	$\{S_9, S_{10}, S_{11}, S_{12}, S_{70}, S_{20}, S_{21}, S_{22}, S_{23}, S_{24}, S_{25}, S_{26}, S_{72},$ $S_{64}, S_{63}, S_{62}, S_{61}, S_{60}, S_{59}, S_{58}, S_{57}, S_{56}, S_{55}, S_{54}, S_{53}, S_{52}\}$
L_5	$\{S_4, S_5, S_6, S_7, S_8, S_{52}, S_{53}, S_{54}, S_{55}, S_{56}, S_{57}, S_{58}, S_{73}, S_{49}, S_{48}, S_{47}, S_{46}\}$

对美国 PG&E 69 节点系统进行三次优化，分析了三次优化过程的充分性，取 $i=6 \sim 10$，$h=5$，三次优化时所得 $d_{1,i}$、$d_{5,i}$ 和 $f_{1,i}-f_{5,i}$ 序列见表 2.12。

表 2.12   **美国 PG&E 69 节点系统精英优化的充分性判定参数**

参数	$d_{1,i}$	$d_{5,i}$	$f_{1,i}-f_{5,i}$
第一次优化	(0, 0, 0, 0)	(10.2, 5.9, 0, 0)	(6.9, 5.7, 5, 5, 5)
第二次优化	(0, 0, 0, 0)	(0, 0, 13.68, 0)	(3.4, 3.4, 3.4, 2.4, 2.4)
第三次优化	(0, 0, 62.4, 0)	(0, 0, 49.1, 7.56)	(5.7, 5.7, 5.7, 6.6, 6.2)

由表 2.12 可以看出，三次精英优化后所得优化结果均满足精英优化的充分性判据（1），说明继续减小 $p\%$，对 f_1 和 f_5 都不会起到明显的改进作用，且 f_1 与 f_5 比较接近，表明在最优解附近性能好的解的密度比较大。上述结果说明对本算例采用 0.5% 精英优化后其结果满足精英优化的充分性要求。

未重构前，美国 PG&E 69 节点系统初始有功网损为 226.4kW，其中系统最低电压位于节点 54。通过精英优化法重构三次所得结果见表 2.13。

表 2.13	美国 PG&E 69 节点系统重构结果对比		
参数	断开的开关	有功网损/kW	最低节点电压/p.u.
初始网路	S_{69}，S_{70}，S_{71}，S_{72}，S_{73}	226.4	0.9089
精英优化法（第一次）	S_{10}，S_{70}，S_{13}，S_{61}，S_{57}	106.7	0.9425
精英优化法（第二次）	S_{69}，S_{70}，S_{13}，S_{62}，S_{52}	106.3	0.9394
精英优化法（第三次）	S_{69}，S_{19}，S_{12}，S_{63}，S_{58}	105.2	0.9412
禁忌搜索算法[48]	S_{69}，S_{70}，S_{14}，S_{61}，S_{58}	101.0	0.9425
改进遗传算法[49]	S_{69}，S_{70}，S_{14}，S_{61}，S_{58}	101.0	0.9425

由表 2.13 可见，采用精英优化法优化三次后系统有功网损相比于初始网络分别下降了 52.87%、53.04% 和 53.53%。三次优化所得整个解空间中可行解比例估计值分别为 0.2114、0.2051 和 0.2131。已知美国 PG&E 69 节点系统解空间中个体总数为 572832 个，通过第一次优化后所得可行解比例估计整个解空间中可行解个体数大约为 121097 个，三次精英优化时在 121097 个可行解里随机抽取 919 个可行解，三次优化结果与文献〔6〕禁忌搜索算法和文献〔7〕改进遗传算法优化结果相近，虽优化结果略差，但是能够获得满足要求的精英解。

图 2.12 所示为三次精英优化法优化后美国 PG&E 69 节点系统各节点电压对比曲线。从曲线中可以看出，三次优化后系统各节点电压均在正常范围内，且与初始网络相比系统电压水平有了明显改善。

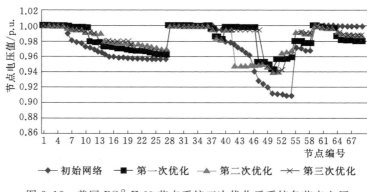

图 2.12　美国 PG&E 69 节点系统三次优化后系统各节点电压

2.3　多目标精英优化法及其应用

2.1 节和 2.2 节阐述了单目标精英优化法及其应用，而在工程实际中多目标优化问题普遍存在。考虑如下多目标优化问题（D）

$$\max f(x) = [f_1(x), f_2(x), \cdots, f_m(x)]^{\mathrm{T}} \qquad (x \in S)$$

式中：x 为多维决策变量；$f(x)$ 为 m 维向量函数，每个分量表示某个层面的目标函数；S 为约束区域。

通常情况下，多个目标是相互冲突、相互制约的，一个目标的变好是以另外一些目标的变坏为代价的。因此，多目标函数优化问题绝大多数情况下没有最优解，只有非劣解（或有效解）。

假设 x^* 是解空间 S 中的一点，如果不存在点 x 使得 $f_i(x) \leqslant f_i(x^*)$ $(i=1, 2, \cdots, m)$，且至少有一个不等式严格成立，则称 x^* 为多目标优化问题 **（D）的非劣解或** Pareto 解。

多目标精英优化问题的解不唯一，一般是一个解集，其候选解性能评价是关键。

2.3.1 多目标精英解的遴选

2.3.1.1 传统方法

以下是多目标优化问题的 3 种典型传统处理方法。

1. 线性加权法

线性加权法是解决多目标函数优化问题的典型解法，通过对每个目标设定对应的权重系数，利用加权求和的方法将多目标函数优化问题转化为单目标函数优化问题。

例如，希望 f_1、f_2、$\cdots$、f_m 越大越好，g_1、g_2、$\cdots$、g_n 越小越好，则可以采取以下几种加权合成的方法将多目标转化为单目标（设权系数 k 均为正数）

$$\text{Max} \quad F = k_1 f_1 + \cdots + k_m f_m - (k_{m+1} g_1 + \cdots + k_{m+n} g_n) \tag{2.39}$$

$$\text{Max} \quad F = \frac{k_1 f_1 + \cdots + k_m f_m}{k_{m+1} g_1 + \cdots + k_{m+n} g_n} \tag{2.40}$$

$$\text{Max} \quad F = \frac{k_1 f_1 + \cdots + k_m f_m - (k_{m+1} g_1 + \cdots + k_{m+h} g_h)}{k_{m+h+1} g_{h+1} + \cdots + k_{m+n} g_n} \tag{2.41}$$

$$\text{Max} \quad F = \frac{k_1 f_1 + \cdots + k_m f_m - (k_{m+1} g_1 + \cdots + k_{m+h} g_h)}{k_{m+h+1} g_{h+1} + \cdots + k_{m+n} g_n - (k_{l+1} f_{l+1} + \cdots k_m f_m)} \tag{2.42}$$

在式（2.41）和式（2.42）中，$1 < h < n$，$1 < l < m$。利用式（2.39）～式（2.42）的方法可以将多目标优化问题转化为单目标优化，并且在数学上可以证明它们的最优解都是相应的多目标优化问题的非劣解。

2. 参考目标法

利用参考目标法解决多目标函数优化问题时，需要选择一个主要目标 f_{k0}，而将其他目标函数作为约束条件，为其设置阈值，只要其值满足阈值即可。

3. 加权合成法

选出 Pareto 解集后再进行鲁棒性评价或加权合成，在此基础上遴选出精英解。

2.3.1.2 性能排序遴选法

性能排序遴选法研究的对象是各目标排序，无需考虑各目标的重要程度，避免了权系数设置的主观性。

1. 基本性能排序遴选法

对各个候选解的各个目标进行性能排序，取最差目标排序最靠前的解，若存在多个候选解的最差目标排序相同，则考察次差目标排序，若次差目标排序也相同则考察第 3 差目标排序，依次类推，直至遴选出精英解。

例如，某优化问题有 f_1、f_2、f_3 和 f_4 这 4 个目标，候选解 w_1、w_2、w_3、w_4、$\cdots$ 中各个目标的性能排序分别见表 2.14。

表 2.14　　　　　　　　　　候选解中各个目标的性能排序示例

目标	f_1排序	f_2排序	f_3排序	f_4排序	最差排序	次差排序	第 3 差排序	精英解
w_1	1	1	5	3	5	3	1	√
w_2	2	4	3	5	5	4	2	
w_3	5	3	1	2	5	3	2	
w_4	6	2	2	1	6	2	2	
w_5	3	5	9	11	11	9	5	
w_6	9	7	4	5	9	7	5	
w_7	12	9	14	7	14	12	9	
⋮	⋮	⋮	⋮	⋮	⋮	⋮	⋮	

由表 2.13 可见，候选解 w_1、w_2 和 w_3 的最差目标性能排序均为 5，优于其他候选解；候选解 w_1 和 w_3 的次差目标性能排序均为 3，优于候选解 w_2；候选解 w_1 的第 3 差目标性能排序均为 1，优于候选解 w_3；因此，候选解 w_1 被确定为精英解。

2. 改进的性能排序遴选法

基本性能排序遴选法中，没有考虑各个目标性能范围跨度的差异，可以采用合并相对范围跨度小的性能的排序序号的改进加以解决。

首先定义可行解的性能范围的概念。

性能范围定义为：由各个可行解的各项性能指标的最大值和最小值围成的范围，称最大值与最小值之差为相应性能的范围跨度，称性能的范围跨度与性能平均值之比为该性能的相对范围跨度。

对于第 i 项性能 f_i，其性能范围为 $[f_{i,\min}, f_{i,\max}]$，其范围跨度为 $\Delta f_i = f_{i,\max} - f_{i,\min}$，其相对范围跨度为 $\Delta f_i \% = \dfrac{f_{i,\max} - f_{i,\min}}{f_i}$。

假设排序范围内共有 N 个候选解，f_1、f_2、$\cdots$、f_m 这 m 项性能的相对范围跨度分别为 $\Delta f_1 \%$、$\Delta f_2 \%$、$\cdots$、$\Delta f_m \%$，则各项性能的排序间隔 ΔF_i 为

$$\Delta F_i = \frac{\Delta f_{\max} \% \Delta f_i}{N \Delta f_i \%} \tag{2.43}$$

式中：$\Delta f_{\max} \%$ 为 $\Delta f_1 \%$、$\Delta f_2 \%$、$\cdots$、$\Delta f_m \%$ 中的最大值。

式（2.43）表明，相对范围跨度越小，则并列排序的候选解越多，体现了其性能的相近性。

对候选解按照各项性能的排序间隔 ΔF_i 重新排序，使位于一个 ΔF_i 内的目标性能排序序号相同，则能够合并相对范围跨度小的性能排序序号。

3. 优越解集合改进性能排序遴选法

实际应用中，精英解的遴选范围没有必要在全体可行解样本中进行，而只需考察优越解集合内的候选解即可。

优越解集合 β 定义为：β 为由若干性能优良的解构成的集合，其中各个解的各项性能的最差值分别为 $f_{1,ws}$、$f_{2,ws}$、$\cdots$、$f_{m,ws}$，假设各项性能取值均为越大越好，则对于 β 之

外的任意可行解 i 都有

$$f_{i,1} < f_{1,ws}, f_{i,2} < f_{2,ws}, \cdots, f_{i,m} < f_{m,ws} \tag{2.44}$$

优越解集合改进性能排序遴选法就是在优越解集合内采用改进性能排序遴选法的精英解遴选方法。

4. 投票排序法

（1）具体评价方法。投票排序法是多目标函数优化的又一种方法，对排序范围内的候选解 i 进行评价的具体方法是：将该候选解与排序范围内的每一个其他候选解进行比较，若被评价的候选解 i 的各项指标均不比某个其他候选解差且存在某一项或多项指标优于该候选解，则候选解 i 的得票数加 1，……，经过与排序范围内的每一个其他候选解进行比较后就可得到被评价的候选解 i 的总得票数 TK_i。

（2）数学表示方式。设指标越大越好（对于相反的情况可以采用取倒数或加负号等方式来实现），所有候选解初始得票数均为 0，设有两组候选解对应性能指向量表示为 $U = (u_1, u_2, u_3, \cdots, u_r)$ 和 $V = (v_1, v_2, v_3, \cdots, v_r)$（其中 r 为指标数量），当且仅当同时满足式（2.45）和式（2.46）时，U 得票数加 1，V 得票数不变。

$$u_k \geqslant v_k \qquad (k = 1, 2, \cdots, r) \tag{2.45}$$

存在

$$h \in (1, 2, \cdots, r), u_h > v_h$$

在程序实现过程中，每抽到一个可行候选解，则将其与已抽每一候选解进行比较，进而统计所得票数。采取该实现方法，有效地避免了重复比较，且能给出所有候选解的优劣排序。

在完成了排序范围内的每一个候选解的评价后，按照得票从高到低对它们进行排序，排在第 1 的就可以确定为精英解。

例如，某优化问题有 F_1，F_2，F_3，F_4，F_5 这 5 个优化目标，设各性能指标越大越好（对于相反的情况可以采用取倒数或加负号等方式来实现），简要写出 10 组候选解对应性能值进行说明，设某 10 组候选解对应性能指标具体数值（此处略去单位，各目标具有不同量纲时该方法同样适用）及比较得票情况见表 2.15。

表 2.15　　　　　　　　　　　10 组候选解对应目标性能值及得票情况

序号	F_1	F_2	F_3	F_4	F_5	得票数 TK_i	最优解
1	45.89	0.61	8.24	986.33	5609.71	0	
2	56.98	0.58	4.39	465.18	3470.97	0	
3	30.99	0.38	5.71	521.09	6901.88	0	
4	67.88	0.45	1.22	692.19	5219.72	0	
5	60.12	0.39	4.23	398.42	3760.97	0	
6	70.39	0.68	8.66	901.07	7730.42	6	√
7	56.42	0.71	6.98	347.08	6540.78	0	
8	49.06	0.54	2.45	687.21	4872.19	0	
9	67.01	0.47	3.74	739.07	5329.27	0	
10	71.49	0.99	6.17	783.32	5980.61	5	

由表 2.14 可以直观得到第 6 组候选解的得票数最多，最具有说服力，因此推选此组候选解为最优解。当候选解组数越多时，得票数差距会越大，该方法所推选最优解的优势越明显。

若存在多个候选解并列第 1 的情形，则可以按照性能排序遴选法进一步遴选出最优解。

2.3.2　多目标风-蓄-火联合运行系统动态优化调度

随着化石能源资源枯竭的不断加剧，"清洁替代"成为解决该问题的主要手段之一，清洁能源的大规模集中开发使得现代电力系统的发电方式朝着多元化发展。而风电的反调峰特性、光伏发电受制于天气变化等因素都加剧了电力系统优化调度的难度，对于清洁能源发电所表现出的较强不确定性实时调度往往很难应付，日前调度能够根据预测负荷以及预测发电量制订电网调度计划。

机组组合问题是在满足系统各项约束条件的基础上，确定包含清洁能源发电在内具有不同特性机组的开关机状态和出力大小，获得使系统某一项或多项性能指标最优的运行方式。机组组合问题是非线性混合整数优化问题。

2.3.2.1　多目标风-蓄-火联合运行系统动态优化调度数学模型

1. 目标函数

本节只考虑各火电厂的实际发电成本，不计初期建设费用以及抽水蓄能电站和风电场运行成本。为了降低系统的运行成本，减少系统运行对环境的影响，以火电厂运行成本最小、系统 SO_2 总排放量最小和系统 CO_2 总排放量最小为目标。

$$\min F_1(P_{i,t}, I_{i,t}) = \min \sum_{t=1}^{T} \sum_{i=1}^{N_G} [f_1(P_{i,t})I_{i,t} + C_{i,t}] \tag{2.46}$$

$$\min F_2(P_{i,t}, I_{i,t}) = \min \sum_{t=1}^{T} \sum_{i=1}^{N_G} f_2(P_{i,t})I_{i,t} \tag{2.47}$$

$$\min F_3(P_{i,t}, I_{i,t}) = \min \sum_{t=1}^{T} \sum_{i=1}^{N_G} f_3(P_{i,t})I_{i,t} \tag{2.48}$$

$$f_1(P_{i,t}) = a_{1i}P_{i,t}^2 + b_{1i}P_{i,t} + c_{1i} \tag{2.49}$$

$$f_2(P_{i,t}) = a_{2i}P_{i,t}^2 + b_{2i}P_{i,t} + c_{2i} \tag{2.50}$$

$$f_3(P_{i,t}) = a_{3i}P_{i,t}^2 + b_{3i}P_{i,t} + c_{3i} \tag{2.51}$$

$$I_{i,t} = \begin{cases} 1 & (\text{开机}) \\ 0 & (\text{关机}) \end{cases} \tag{2.52}$$

式中：$P_{i,t}$ 为机组 i 在时段 t 的出力；$I_{i,t}$ 为机组 i 在时段 t 的开关机状态；T 为一个调度周期的总时间；N_G 为系统中火电机组台数；a_1、b_1、c_1 为机组运行成本函数计算系数；a_2、b_2、c_2 为机组 SO_2 排放量函数计算系数；a_3、b_3、c_3 为机组 CO_2 排放量函数计算系数；$C_{i,t}$ 为火电机组启动费用，其值受机组停运时间影响，停运时间越长机组启动费用越高。

$C_{i,t}$ 的函数式可用式（2.54）近似表示，火电机组的关机费用直接计入下一次启动费用中。

$$C_{i,t} = \begin{cases} \text{HST}_i & (T_{i,\text{down}} \leqslant T_{i,\text{off}} \leqslant T_{i,\text{cold}} + T_{i,\text{down}}) \\ \text{CST}_i & (T_{i,\text{off}} > T_{i,\text{cold}} + T_{i,\text{down}}) \end{cases} \tag{2.53}$$

式中：HST_i 为机组热启动费用；CST_i 为机组冷启动费用；$T_{i,\mathrm{off}}$ 为机组停运时间；$T_{i,\mathrm{down}}$ 为机组最小停运时间；$T_{i,\mathrm{cold}}$ 为机组冷却时间。

2. 等式约束

（1）功率平衡约束。忽略系统网损对结果的影响，功率平衡约束为

$$\sum_{i=1}^{N_G} P_{i,t} I_{i,t} + P_{w,t} + P_{d,t} - P_{c,t} = L_t \tag{2.54}$$

式中：$P_{w,t}$ 为风电在时段 t 的实际上网功率，目前风电在并网后有大量弃风的现象存在，弃风量由风电送出通道输送能力、电网结构、负荷量等因素决定，本节只考虑去除弃风量后的实际上网功率；$P_{d,t}$ 为抽水蓄能电站时段 t 处于发电状态时发电量，若为抽水状态抽水功率为 $P_{c,t}$；L_t 为系统在时段 t 的预测负荷。

（2）抽水蓄能电厂库容约束。各水库库容均转化为等值电量，以等值电量反映水库库容的变化情况。

$$\mathrm{WE}_a^0 - \sum_{t=1}^T P_{d,t} + \eta_c \sum_{t=1}^T P_{c,t} = 0 \tag{2.55}$$

$$\mathrm{WE}_{a,t} + \mathrm{WE}_{b,t} = \mathrm{WE}^0 \tag{2.56}$$

$$\mathrm{WE}_a^0 = \mathrm{WE}_a^1 \tag{2.57}$$

$$P_{d,t} P_{c,t} = 0 \tag{2.58}$$

$$\mathrm{WE}_{a,t} \leqslant \mathrm{WE}_{a,\max}, \mathrm{WE}_{b,t} \leqslant \mathrm{WE}_{b,\max} \tag{2.59}$$

式中：WE_a^0 为起始时刻上水库可发电量；WE_a^1 为末时刻上水库可发电量；$\mathrm{WE}_{a,t}$、$\mathrm{WE}_{b,t}$ 分别为时段 t 上下水库可发电量；WE^0 为起始时刻上下水库可发电量之和；$\mathrm{WE}_{a,\max}$、$\mathrm{WE}_{b,\max}$ 分别为上下水库可发电量上限；η_c 为抽水效率。

对于抽水蓄能电站来说，库容约束最为重要。设置合理的库容约束是抽水蓄能电站能够长期安全可靠运行的有效保障。为了保持各水库库容能够满足长期发电需求，要求各调度周期起始时刻和终止时刻库容变化差异较小，本节要求该库容差为 0。另外，要求抽水蓄能电站抽水和发电工况不能同时进行。

3. 不等式约束

（1）旋转备用约束。

$$\sum_{i=1}^{N_G} P_{i,t\max} I_{i,t} + P_{w,t} + P_{d,t} - P_{c,t} \geqslant L_t + R_t \tag{2.60}$$

式中：$P_{i,t\max}$ 为机组 i 在时段 t 的出力上限，其值由机组 i 出力上限和爬坡速率约束共同决定；R_t 为系统在时段 t 所需的旋转备用容量 $R_t = 10\%L_t$。

（2）火电机组出力极限约束。

$$I_{i,t} P_{i\min} \leqslant P_{i,t} \leqslant I_{i,t} P_{i\max} \tag{2.61}$$

式中：$P_{i\max}$、$P_{i\min}$ 分别为火电机组 i 的出力上下限。

（3）火电机组爬坡约束。

$$-P_{i,\mathrm{ramp}} \leqslant P_{i,t} - P_{i,t-1} \leqslant P_{i,\mathrm{ramp}} \tag{2.62}$$

式中：$P_{i,\mathrm{ramp}}$ 为机组 i 有功出力的变化速率。

（4）火电机组最小开关机时间约束。

$$t_{i,t}^{\text{on}} \geqslant T_{i,\min}^{\text{on}} \tag{2.63}$$

$$t_{i,t}^{\text{off}} \geqslant T_{i,\min}^{\text{off}} \tag{2.64}$$

式中：$t_{i,t}^{\text{on}}$ 和 $t_{i,t}^{\text{off}}$ 分别为机组 i 在时段 t 的持续开机时间和持续关机时间；$T_{i,\min}^{\text{on}}$ 和 $T_{i,\min}^{\text{off}}$ 分别为机组 i 允许的最小运行时间和最小停运时间。

（5）抽水蓄能电站抽水功率约束。

$$I_{i,t} P_{d\min} \leqslant P_{d,t} \leqslant I_{i,t} P_{d\max} \tag{2.65}$$

式中：$P_{d\max}$、$P_{d\min}$ 分别为抽水蓄能电站抽水功率上下限。

（6）抽水蓄能电站发电功率约束。

$$I_{i,t} P_{c\min} \leqslant P_{c,t} \leqslant I_{i,t} P_{c\max} \tag{2.66}$$

式中：$P_{c\max}$、$P_{c\min}$ 分别为抽水蓄能电站发电功率上下限。

（7）抽水蓄能电站抽蓄状态约束。

$$\begin{cases} L_t \geqslant \dfrac{1}{T} \displaystyle\sum_{t=1}^{T} L_t & \text{（发电）} \\[2mm] L_t \geqslant \dfrac{1}{T} \displaystyle\sum_{t=1}^{T} L_t & \text{（抽水）} \end{cases} \tag{2.67}$$

要求抽水蓄能电站在预测负荷大于整个调度周期平均负荷时只能发电，在预测负荷小于整个调度周期平均负荷时只能抽水。

由于抽水蓄能电站的反应速度远比火电机组快，因此不考虑抽水蓄能电站的爬坡速率。在优化结果中以负数表示抽水蓄能电站处于抽水状态，该负数的绝对值表示抽水功率；正数表示抽水蓄能电站处于发电状态，该数值表示发电功率。

以上即为含抽水蓄能电站和风电场的机组组合问题的基本模型，在考虑节省发电成本的同时，希望降低发电对环境的影响，即减小火电机组发电过程中有害气体的排放，从而提高清洁能源的利用率。

2.3.2.2 解空间的构成

在风-蓄-火联合运行系统中，要处理的对象是各时段火电机组的开关机状态、各火电机组发电量以及抽水蓄能电站发电或抽水功率。将各时段抽水蓄能电站发电或抽水功率作为控制变量，在抽水蓄能电站库容约束和抽水蓄能电站抽水或发电功率约束范围内随机取值。将各时段火电机组的开关机状态作为控制变量，在各时段系统旋转备用约束、火电机组最小开关机时间约束、火电机出力极限约束、火电机组爬坡速率约束范围内随机取值。根据各时段风电的实际上网功率、抽水蓄能电站发电或抽水功率和负荷需求计算各火电机组等效负荷之和 P_t'，有

$$P_t' = L_t - P_{d,t} + P_{c,t} - P_{w,t} \tag{2.68}$$

火电机组开关机状态确定以后，利用等耗量微增率对火电机组等效负荷进行经济分配。

可以看出，一旦各时段火电机组的开关机状态和抽水蓄能电站发电或抽水功率确定后就能够通过等耗量微增率获得在该状态下各火电机组出力的最优分配。因此多目标风-蓄-火联合运行系统动态优化调度的解空间由各时段火电机组开关机状态的可能情况和各时段抽水蓄能电站发电或抽水功率的变化范围共同构成，为解空间包含无穷多个个体的情形。

2.3.2.3　优化策略

风-蓄-火联合运行系统优化调度问题的控制变量由离散的火电机组开关机状态变量和连续的抽水蓄能电站发电或抽水功率变量构成，其解空间中的个体数量为无穷多个，因此属于解的个数无穷多时的情形，设定参数 $p\%$ 和 $q\%$，通过式（2.2）求得最少抽样数目 $N_{\min}$。$N_{\min}$ 个个体的抽样分为抽水蓄能电站一个调度周期的运行状况和火电机组一个调度周期的开关机状态。

抽水蓄能电站一个调度周期的运行状况通过随机抽样得到，先在调度周期前 $T-1$ 个时段依次根据抽水蓄能电站各时段上、下水库储能等值电量和抽水蓄能电站抽水或发电功率约束形成各时段抽水蓄能电站出力变化范围 $[P_{st\min}，P_{st\max}]$，在该范围中随机抽取一个抽水或发电功率作为该时段抽水蓄能电站出力 P_{st}，出力为正值表示发电，出力为负值表示抽水。以第 T 个时段的出力作为抽水蓄能电站等式约束的调节量 P_{sT}，通过等式约束式（2.58）和不等式约束式（2.68）计算第 T 个时段抽水蓄能电站出力 P_{sT}，若 P_{sT} 在 $[P_{sT\min}，P_{sT\max}]$ 内，则该组抽水蓄能电站出力取值为可行解，反之为不可行解。

火电机组一个调度周期的开关机状态按照时段顺序依次根据火电机组最小开关机时间约束将火电机组分为必须开机、必须关机和状态随机三种类型，初始时刻所有机组均为状态随机。除初始时段外的其他时段先判断必须开机机组的最大可能出力 $P_{i,t\max}$ 之和是否满足系统旋转备用约束，若满足则必须开机机组为本时段开机机组，其他机组关机，若不满足则从状态随机机组中依次抽取一台机组开机，直到机组的 $P_{i,t\max}$ 之和满足系统旋转备用约束为止。

将抽水蓄能电站各时段发电或抽水功率分别与该时段风电实际上网功率和负荷需求按照式（2.69）计算各火电机组等效负荷之和 P'_t，对火电机组等效负荷按照等耗量微增率分配，一个调度周期的火电机组出力依次确定后计算各目标函数，对 $N_{\min}$ 个个体的目标函数结果进行排序获得其 $p\%$ 精英解。图 2.13 所示为基于精英优化法的多目标风-蓄-火联合运行系统动态优化调度结构流程图。

2.3.2.4　算例参数

10 机系统中包含了 10 台火电机组，一个抽水蓄能电站和一个风电场。火电机组的运行参数见表 2.16，火电机组的运行成本参数见表 2.17，火电机组的运行排放量计算参数见表 2.18，抽水蓄能电站的运行参数见表 2.19，一个调度周期的预测负荷和预测风电上网功率见表 2.20。

表 2.16　　　　　　　　　　　　　　火电机组的运行参数

参数	$P_{i\max}$/MW	$P_{i\min}$/MW	$P_{i,ramp}$/(MW/h)	$T^{on}_{i,\min}$/h	$T^{off}_{i,\min}$/h
1	455	150	130	8	8
2	455	150	130	8	8
3	130	20	60	5	5
4	130	20	60	5	5
5	162	25	90	6	6

续表

参数	$P_{i\max}/\mathrm{MW}$	$P_{i\min}/\mathrm{MW}$	$P_{i,\mathrm{ramp}}/(\mathrm{MW/h})$	$T_{i,\min}^{\mathrm{on}}/\mathrm{h}$	$T_{i,\min}^{\mathrm{off}}/\mathrm{h}$
6	80	20	40	3	3
7	85	25	40	3	3
8	55	10	40	1	1
9	55	10	40	1	1
10	55	10	40	1	1

注 $P_{i,\mathrm{ramp}}$ 为每小时有功功率可以调节的变化量或火电机组的爬坡速率。

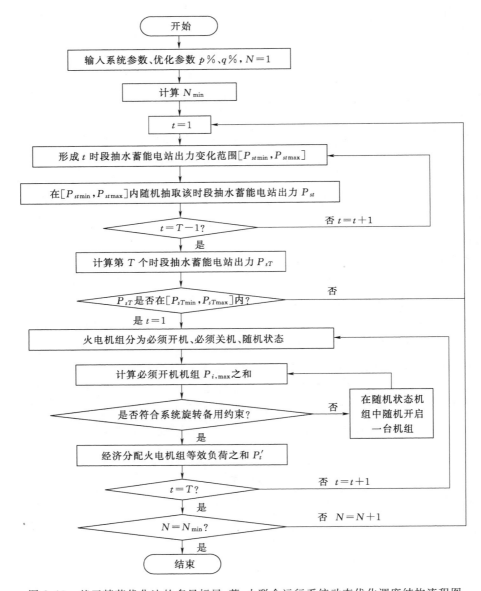

图 2.13 基于精英优化法的多目标风-蓄-火联合运行系统动态优化调度结构流程图

表 2.17 火电机组的运行成本参数

参数	a_1/MW^{-2}	$b_1/(\$/\mathrm{MW})$	$c_1/\$$	HST/$	$t^{\mathrm{cold}}/\mathrm{h}$	CST/$
1	0.00048	16.19	1000	4500	5	9000
2	0.00031	17.26	970	5000	5	10000
3	0.00200	16.60	700	550	4	1100
4	0.00211	16.50	680	560	4	1120
5	0.00398	19.70	450	900	4	1800
6	0.00712	22.26	370	170	2	340
7	0.00079	27.74	480	260	2	520
8	0.00413	25.92	660	30	0	60
9	0.00222	27.27	665	30	0	60
10	0.00173	27.79	670	30	0	60

表 2.18 火电机组的运行排放量计算参数

参数	a_2/MW^{-2}	$b_2/(\mathrm{kg}/\mathrm{MW})$	c_2/kg	a_3/MW^{-2}	$b_3/(\mathrm{kg}/\mathrm{MW})$	c_3/kg
1	0.00019	2.06	198.33	0.022	−2.86	130
2	0.00018	2.09	195.34	0.02	−2.72	132
3	0.0022	2.14	155.15	0.044	−2.94	137.7
4	0.0022	2.25	152.26	0.058	−2.35	130
5	0.0021	2.11	152.26	0.065	−2.36	125
6	0.0025	3.45	101.43	0.08	−2.28	110
7	0.0022	2.62	111.87	0.075	−2.36	135
8	0.0042	5.18	126.62	0.082	−1.29	157
9	0.0054	5.38	134.15	0.09	−1.14	160
10	0.0055	5.4	142.26	0.084	−2.14	137.7

表 2.19 抽水蓄能电站的运行参数

$WE_{a,\max}/(\mathrm{MW}\cdot\mathrm{h})$	$WE_{b,\max}/(\mathrm{MW}\cdot\mathrm{h})$	WE_a^0/MW	$P_{d\max}/\mathrm{MW}$	$P_{d\min}/\mathrm{MW}$	$P_{c\max}/\mathrm{MW}$	$P_{c\min}/\mathrm{MW}$	η_c
300	$+\infty$	150	40	0	40	0	0.8

表 2.20 一个调度周期的预测负荷和预测风电上网功率

时刻	预测负荷/MW	风电实际上网功率/MW	时刻	预测负荷/MW	风电实际上网功率/MW
1	930	190	7	1150	440
2	830	300	8	1200	460
3	750	330	9	1300	350
4	710	360	10	1400	250
5	800	350	11	1450	420
6	980	370	12	1500	380

续表

时刻	预测负荷/MW	风电实际上网功率/MW	时刻	预测负荷/MW	风电实际上网功率/MW
13	1400	390	19	1200	50
14	1300	340	20	1400	20
15	1200	320	21	1300	5
16	1050	120	22	1100	250
17	1000	10	23	950	350
18	1100	40	24	880	240

算例中认为抽水蓄能电站调节速度快,其技术最小负荷一般较小,认为其最小发电功率和最小抽水功率均为 0。同时认为下水库库容远大于上水库,即认为其库容无穷大。另外,风电实际上网功率是指系统中所有参与调度的风电机组实际上网功率之和。由于抽水蓄能电站具有建造成本、充放电效率等问题,系统中只考虑存在一个抽水蓄能电站。算例系统在时段 t 所需的旋转备用容量 $R_t = 10\% L_t$。

精英优化法参数设置为 $p\% = 0.05\%$,即要求得排名前 0.05% 的精英解,$q\% = 0.05\%$,由式(2.2)求得最少抽样数目 $N_{min} = 15199$。

采用精英优化法对上述算例进行优化调度,并将火电机组运行成本总和与文献[8]中采用标准粒子群算法(BPSO)设置粒子数为 30,迭代次数 500 次的优化结果进行对比。

2.3.2.5 结果分析

1. 单目标优化结果

通过精英优化法对 10 机系统进行三次优化后所得火电机组运行成本总和与文献[8]优化结果的对比见表 2.21。

表 2.21 优 化 结 果 的 对 比

参 数	火电机组运行成本/$
精英优化法(第一次)	427473.1
精英优化法(第二次)	428503.1
精英优化法(第三次)	428225.9
BPSO 算法[8]	418667.2

三次优化后解空间中可行解比例估计值分别为 0.0652、0.0668 和 0.0652。由表 2.21 可见,采用精英优化法优化三次后火电机组运行成本总和均略差于文献[8]所得结果,但能够获得满足要求的精英解,并且能够体现出利用精英优化法处理动态优化问题时不必采取专门的处理措施。图 2.14 所示为第一次优化后各时段火电机组出力累积图。

由图 2.14 可以看出,10 台火力发电机组中经济性较好的机组 1 和机组 2 在整个调度周期内均承担较大负荷,并且在负荷较小时通过机组 1 和机组 2 对负荷波动进行调控,能有效地降低火电机组运行成本。在 10～14 时段第一个负荷高峰时,机组 1 和机组 2 满发,机组 3、机组 5、机组 6 和机组 8 开机应对负荷变化,在 19～21 时段第二个负荷高峰时,

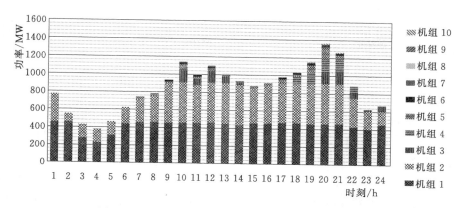

图 2.14 第一次优化后各时段火电机组出力累积图

机组 3、机组 4、机组 9 和机组 10 开机，机组开机数量达到最多，机组 8~机组 10 能够迅速启动调节负荷变化，因此其启停次数较多。表 2.22 给出了第一次优化后各机组组合安排。

表 2.22　　　　　　　　第一次精英优化后各机组组合安排

时段	预测负荷 /MW	预测风电 /MW	火电机组出力/MW										抽水蓄能出力 /MW
			1	2	3	4	5	6	7	8	9	10	
1	930	190	455	316	0	0	0	0	0	0	0	0	−31.0
2	830	300	361	186	0	0	0	0	0	0	0	0	−17.0
3	750	330	279	150	0	0	0	0	0	0	0	0	−9.1
4	710	360	228	150	0	0	0	0	0	0	0	0	−27.7
5	800	350	314	150	0	0	0	0	0	0	0	0	−13.7
6	980	370	444	180	0	0	0	0	0	0	0	0	−13.3
7	1150	440	455	259	0	25	0	0	0	0	0	0	−29.3
8	1200	460	455	300	0	25	0	0	0	0	0	0	−39.8
9	1300	350	455	430	0	28	20	0	0	0	0	0	16.7
10	1400	250	455	455	130	0	72	20	0	10	0	0	8.0
11	1450	420	455	424	70	0	25	20	0	10	0	0	26.1
12	1500	380	455	455	130	0	35	20	0	10	0	0	14.6
13	1400	390	455	449	70	0	25	0	0	10	0	0	0.9
14	1300	340	455	431	20	0	25	0	0	0	0	0	29.3
15	1200	320	455	394	0	0	25	0	0	0	0	0	6.5
16	1050	120	455	428	0	0	25	0	0	0	0	0	21.8
17	1000	10	455	455	0	0	48	20	0	0	0	0	12.4
18	1100	40	455	455	0	77	25	20	0	0	0	0	27.7
19	1200	50	455	455	0	130	78	20	0	0	10	0	2.2
20	1400	20	455	455	130	130	152	20	0	0	10	10	17.6

续表

时段	预测负荷/MW	预测风电/MW	火电机组出力/MW										抽水蓄能出力/MW
			1	2	3	4	5	6	7	8	9	10	
21	1300	5	455	455	130	128	62	20	0	0	0	10	34.2
22	1100	250	425	325	70	68	0	0	0	0	0	0	−38.4
23	950	350	409	195	20	0	0	0	0	0	0	0	−23.9
24	880	240	455	150	64	0	0	0	0	0	0	0	−29.2

注 表中抽水蓄能电站出力为正时表示发电功率，为负时表示抽水功率。

图 2.15 所示为一个调度周期内预测负荷、预测风电上网功率和第一次优化后抽水蓄能电站出力。图中抽水蓄能电站出力为负值表示其工作状态为抽水状态，从图中可以看出受抽水蓄能电站出力约束限制，其对负荷变化的调节作用有限，需要与能够快速启动的火电机组配合应对负荷变化。

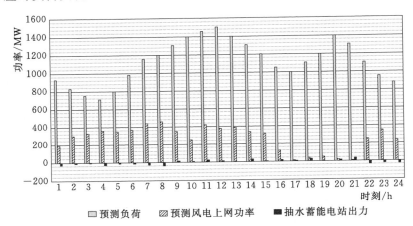

图 2.15 各时段预测负荷、预测风电上网功率和抽水蓄能电站出力

从图 2.15 能够看出，由于抽水蓄能电站运行状态受负荷约束，其出力情况与实际情况相符，10~14 时段和 18~20 时段两个高峰负荷时段均为发电状态，起到良好的负荷调节作用，使系统运行状态符合实际调度原则。

另外，从图 2.15 还可以看出，风电具有波动性和反调峰特性，在第二个负荷高峰时段风电出力很小，负荷几乎全部由火电机组承担，迫使火电机组的组合方式发生较大改变，因此，风电虽然能够为系统提供一定量的清洁能源，减少火力发电机组的运行成本，但也增加了系统负荷的调节难度。

采用精英优化法对多目标风-蓄-火联合运行系统动态优化调度三次所得火电机组运行成本总和均略高于文献 [8]，主要是由于某一时段机组的开关机状态和抽水蓄能电站发电或抽水功率稍有不同就会引起各解的控制变量产生较大差别，最终导致目标性能的差距较大。

2. 多目标性能排序遴选法优化结果

考虑火电机组运行成本总和、系统 SO_2 总排放量和系统 CO_2 总排放量的多目标优化，表 2.23 给出了三次优化结果中各目标单独排序时各目标排名第一的目标值。

表 2.23　　　　　　　　　　　　单独排序时各目标排名第一的目标值

参数	火电机组运行成本/$	系统 SO_2 总排放量/kg	系统 CO_2 总排放量/kg
第一次优化	427473.1	61241.75	115311.8
第二次优化	428503.1	61928.61	115200.6
第三次优化	428225.9	61385.01	115098.8

采用基本多目标性能排序遴选法，各目标性能的重要程度不做区分，表 2.24 给出了三次优化后候选解的性能排序遴选法排序结果。

表 2.24　　　　　　　　　　　　性能排序遴选法排序结果

参数	火电机组		系统 SO_2 排放		系统 CO_2 排放	
	运行成本/$	当前排序	总量/kg	当前排序	总量/kg	当前排序
第一次优化	431757.8	17	62268.85	35	118225.6	45
第二次优化	432142.7	14	62572.21	78	118496.8	71
第三次优化	432658.7	27	62525.98	88	118522.3	79

由表 2.24 可见，三次优化后候选解的性能排序遴选法排序结果中各目标性能均差于三次优化结果中各目标单独排序时排名第一的目标值，但多目标排序结果中各目标在单独排序时的排名均比较靠前，各次优化结果中最差排名分别处于 15199 个候选解的前 0.30%、0.51% 和 0.58%，可见多目标排序所得结果的综合性能较好。

3. 改进性能排序遴选法排序结果

对考虑火电机组运行成本总和（目标 1）、系统 SO_2 总排放量（目标 2）和系统 CO_2 总排放量（目标 3）的多目标优化结果采用改进性能排序遴选法进行排序，表 2.25～表 2.27 分别给出了各项性能的排序间隔 ΔF_i 计算的相关参数。

表 2.25　　　　　　　　　　　　第一次优化结果排序参数

目标	$f_{i,\min}$	$f_{i,\max}$	Δf_i	Δf_i%	ΔF_i
1	427473.1	477650.4	50177.3	0.11074	5.85
2	61241.7	71255.6	10013.9	0.15120	0.85
3	115311.8	140597.7	25285.9	0.19616	1.66

表 2.26　　　　　　　　　　　　第二次优化结果排序参数

目标	$f_{i,\min}$	$f_{i,\max}$	Δf_i	Δf_i%	ΔF_i
1	428503.1	477962.6	49459.5	0.10911	6.07
2	61928.61	71739.19	9810.58	0.14805	0.89
3	115200.6	141455.0	26254.4	0.20363	1.73

表 2.27　　　　　　　　　　　　第三次优化结果排序参数

目标	$f_{i,\min}$	$f_{i,\max}$	Δf_i	Δf_i%	ΔF_i
1	428225.9	476293.5	48067.6	0.10610	5.71
2	61385.01	71287.23	9902.22	0.14954	0.83
3	115098.8	139759.4	24660.6	0.19142	1.62

由表 2.25～表 2.27 可以看出,目标 1 的性能范围跨度最大,但相对范围跨度最小。目标 3 的相对范围跨度最大,说明目标 1 中性能的近似性较强,而目标 3 近似性较弱。

表 2.28 给出了三次优化后候选解的改进性能排序遴选法排序结果。

表 2.28　　　　　　　　　　改进性能排序遴选法排序结果

参数	火电机组		系统 SO_2 排放		系统 CO_2 排放	
	运行成本/$	当前排序	总量/kg	当前排序	总量/kg	当前排序
第一次优化	431757.8	17	62268.85	33	118225.6	44
第二次优化	432142.7	14	62572.21	70	118496.8	68
第三次优化	432658.7	26	62525.98	80	118522.3	71

由表 2.28 可以看出,采用改进性能排序遴选法排序与采用基本性能排序遴选法所得排序结果相同,但采用改进性能排序遴选法之后,由于合并了部分目标性能较为接近的排序序号,因此相应部分的性能排序较采用基本性能排序遴选法所得的排序有所提高。

本　章　小　结

(1) 论述了一种基于 $p\%$ 精英抽样的随机优化方法,通过在解空间中随机抽样,得出处于前 $p\%$ 的满意解,采用概率分析的方法得出了所需的最小抽样数目。该优化方法实现简单、适应性广,有助于使工程技术人员从过去努力追求获取“全局最优解”的努力中解放出来,从而将更多的精力用于建立更加符合实际需要的优化模型上。

(2) 以电力系统无功优化模型和配电网络重构问题为例,详细说明了单目标精英优化法的应用。

(3) 论述了精英优化法应用于多目标动态优化的方法,并给出了几种针对多目标的性能排序遴选法。以多目标风-蓄-火联合运行系统动态优化调度问题为例,详细论述了多目标精英优化法的应用。

第3章 控制的鲁棒性评估

考虑到条件变量的不确定性和控制变量可能存在的偏差，单纯从数学优化的角度得到的最优控制策略有时可能对于上述不确定性和偏差过于敏感，从而在实际当中表现出很差的性能。因此，与其获得一个"全局最优解"，不如获得一批具有较好性能的"精英解"，并根据对它们的鲁棒性评估，从中遴选出对不确定性和偏差的承受能力足够强的、满意的控制策略。

3.1 基 本 原 理

3.1.1 控制策略的鲁棒性

3.1.1.1 全局空间和鲁棒空间

1. 全局空间

全局空间是指由各个控制变量的取值范围和各个条件变量的变化范围联合构成的空间。对于一个优化问题，假设其有 M 个控制变量和 N 个条件变量，则其全局空间的维数为 $M+N$。

2. 鲁棒空间

鲁棒空间是指在某个待进行鲁棒性评估的优化控制策略附近，由各个控制变量的可调节精度范围 ΔC 和各个条件变量的变化范围 ΔS 联合构成的空间。

3.1.1.2 概念

若一个控制策略在控制变量的可调节精度范围 ΔC 和条件变量的变化范围 ΔS 内的性能比较稳定（也即没有差距特别大的情况），则称该控制策略的鲁棒性强；若一个控制策略在控制变量的可调节精度范围 ΔC 和条件变量的变化范围 ΔS 内的性能不够稳定（也即存在差距特别大的情况），则称该控制策略的鲁棒性差。

3.1.2 控制变量的工程可控性

可控性与可观性是现代控制理论的重要概念，有着精确的数学定义与判据，是状态空间描述下控制器设计的基石。然而，由于过分地依赖数学使得模型与实际系统存在误差或者模型中存在其他不确定性时，实际控制效果大打折扣。另外，从工程现象中提炼出来的数学问题忽略了许多工程因素。作为补充，本书将立足于工程实际，给出了工程可控性的定义。

在实际工程中，通常需要对各个控制变量对目标函数性能指标影响的大小进行估计，称控制变量对指标性能的影响力为工程可控性，影响大则可控性强，影响小则可控性弱。

对于每个控制变量的可控性大小指标的定义及计算，可以采取以下方法。

设控制变量总个数为 L，第 i 个控制变量用 X_i 表示（$i=1,2,\cdots,L$），该控制变量的可控制精度为 D_i，其在工程中的可取值范围为 ΔA_i，则其总量化档数为

$$H_i=\frac{\Delta A_i}{D_i} \tag{3.1}$$

假设在待进行鲁棒性评估的有限组解中该控制变量的可达范围为 ΔB_i，则其可达范围的平均量化档数为

$$\psi_i=\frac{\Delta B_i}{D_i} \tag{3.2}$$

定义此控制变量的工程可控性指标为

$$S_i=1-\frac{\psi_i}{H_i} \tag{3.3}$$

由式（3.1）和式（3.2），S_i 可继续化简为

$$S_i=1-\frac{\Delta B_i}{\Delta A_i} \tag{3.4}$$

显然，S_i 越大，该变量在待评估的解集合中的变化范围占总取值范围的比例越小，反映其对性能指标的可控性越强。

例如，控制变量的个数为 5，设分别为 x_1、x_2、x_3、x_4、x_5，5 个控制变量的可控精度均为 0.1，在工程实际中的可取值范围都为 [0.5，1.6]，则由式（3.1）可得 5 个控制变量的总量化档数为 $H_i=(1.6-0.5)/0.1=11$。某 6 组性能相近候选解的具体数值及工程可控性排名见表 3.1[9]。

表 3.1　　　　　　　　　6 组性能相近候选解具体变量值及其可控性排名

序号及项目	x_1	x_2	x_3	x_4	x_5
1	0.6	1.2	0.9	1.5	0.5
2	0.8	1.0	1.2	1.1	0.9
3	0.7	1.1	1.1	0.9	1.1
4	0.6	1.5	0.8	1.3	0.9
5	0.9	1.3	0.8	1.4	0.6
6	0.7	1.1	1.0	0.8	1.0
可达范围 ΔB_i	0.3	0.5	0.4	0.7	0.6
可控性指标 S_i	0.727	0.545	0.636	0.364	0.455
排名	1	3	2	5	4

表 3.1 中可控性指标按照式（3.2）和式（3.3）计算得到，具体如 $S_1=1-(0.3/0.1)/11=0.727$，其他不再赘述。最后按照工程可控性指标进行排名即可。

3.1.3　鲁棒性判定

1. 单性能指标控制策略的鲁棒性判定

在单一性能指标的情况下（设该性能指标越大越好），设在全局空间内的最优性能指

标为 f_b、最差性能指标为 f_w，两者之差 Δf 为

$$\Delta f = f_b - f_w \tag{3.5}$$

式中：Δf 反映全局空间内控制策略的性能差异。

在单一性能指标的情况下，对于一个控制策略 C，在其鲁棒空间内，假设其最优性能指标为 $f_{b,c}$、最差性能指标为 $f_{w,c}$，两者之差 Δf_C 为

$$\Delta f_C = f_{b,c} - f_{w,c} \tag{3.6}$$

式中：Δf_C 反映控制策略 C 在其鲁棒空间内的性能差异。

定义控制策略 C 的鲁棒性指标 R_C 为

$$R_C = 1 - \frac{\Delta f_C}{\Delta f} \tag{3.7}$$

R_C 越大则控制策略 C 的鲁棒性越强。

可以根据实际需要设置一个阈值 R_{set}，若

$$R_C > R_{\mathrm{set}} \tag{3.8}$$

则认为控制策略 C 的鲁棒性满足要求。

2. 多性能指标控制策略的鲁棒性判定

对于多目标情况，认为只有对于每个性能指标的鲁棒性都满足要求时，才认为控制策略 C 的鲁棒性满足要求。即在判定评估过程中，需要对相应控制策略的各个指标的鲁棒性分别进行计算分析。

3.1.4 多个控制策略的鲁棒性比较

多个控制策略的鲁棒性比较可遵循下列原则：

（1）符合鲁棒性要求的控制策略的鲁棒性强于不符合鲁棒性要求的控制策略。

（2）对于几个控制策略都符合鲁棒性要求的情形进行鲁棒性比较。

1）可以逐渐采取等比例扩大各个控制变量的控制精度和条件变量的变化范围的方式扩大鲁棒空间，并重新进行鲁棒性评估，先不符合鲁棒性要求的控制策略的鲁棒性弱于后不符合鲁棒性要求的控制策略的鲁棒性。

例如，对通过优化方法得出的 8 个优秀候选控制策略进行鲁棒性评估，结果见表 3.2。结合实际情况给出鲁棒性指标阈值为 0.85。

表 3.2   优化得出 8 个候选控制策略的鲁棒性评估结果

控制策略	1	2	3	4	5	6	7	8
鲁棒性指标	0.8321	0.8433	0.8506	0.8316	0.8577	0.8201	0.8558	0.8461
符合要求			√		√		√	

由表 3.2 可知，评估后出现第 3、第 5、第 7 个控制策略均符合鲁棒性要求的情形。此时通过将鲁棒空间扩大 5% 进行二次评估，按照规则先不符合要求的控制策略其鲁棒性弱。二次评估只需针对以上三个控制策略即可。假设二次评估结果出现表 3.3 所示结果时，即可停止，若依然存在多个控制策略符合要求时，继续扩大鲁棒空间循环以上步骤，直至推选出唯一控制策略。

第 3 章 控制的鲁棒性评估

表 3.3   鲁棒空间扩大 5% 后进行二次评估的结果

控制策略	1	2	3	4	5	6	7	8
鲁棒性指标			0.8471		0.8503		0.8486	
符合要求					√			

2）采用排名相加法，按照各符合要求的控制策略综合排名进行遴选。首先对各项性能指标的鲁棒性进行排名，然后计算鲁棒空间内各项性能指标的均值并排名，将两者排名相加后得出综合评估结果。

例如，某多目标优化问题给出若干优秀候选控制策略，进行鲁棒性评估后，仍存在 4 个控制策略符合鲁棒性要求。则通过鲁棒性评估指标计算值进行鲁棒性指标排名，再对鲁棒空间内各性能指标进行计算并排名，最后将排名相加，按照综合排名进行推选。具体排名推选情况见表 3.4。

表 3.4   4 个控制策略通过排名相加法评估结果

控制策略	各项性能指标排名			各项性能指标鲁棒性排名			排名之和	综合排名	推选策略
	目标 1	目标 2	目标 3	目标 1	目标 2	目标 3			
1	1	4	4	2	3	3	17	3	
2	4	3	2	1	1	2	13	2	
3	2	2	3	3	4	4	18	4	
4	3	1	1	4	2	1	12	1	√

3）结合多目标择优的性能遴选法进行比较。该方法主要针对多目标优化问题。同样需对待评估控制策略对应每个性能指标的鲁棒性指标进行计算，然后对所有候选控制策略的鲁棒性指标进行相应的排名。计算待评估控制策略鲁棒空间内性能均值并排名，最终转换为多目标排序择优问题，利用性能遴选法选出最优控制策略即可。

例如，对于某双目标优化给出若干优秀候选控制策略，通过鲁棒性评估后，有 6 个候选控制策略的鲁棒性都符合要求，通过计算得到的各鲁棒性指标进行排名。再对各候选控制策略鲁棒空间内的各项性能指标的均值进行计算并排名。最后利用性能遴选法得出结果，见表 3.5。

表 3.5   6 个控制策略通过各指标排名后结合性能遴选法评估结果

控制策略	各项性能指标均值排名		各项性能指标鲁棒性排名		最差排序	次差排序	推选策略
	目标 1	目标 2	目标 1	目标 2			
1	5	6	4	3	6		
2	3	3	5	1	5	3	√
3	2	2	6	6	6		
4	4	5	6	2	6		
5	1	4	2	5	5	4	
6	6	1	3	4	6		

（3）对于几个控制策略都不符合鲁棒性要求的情形进行鲁棒性比较。在给定的优化控制中没有一个满意控制 C 在所需要的控制范围 ΔC 内的鲁棒性满足要求的情况下，当然也可以根据它们的鲁棒性指标 R_C 的差异，进一步评估其鲁棒性的优劣。但是有时往往还需要了解各个控制变量能够具有较高的鲁棒性的范围。

1）各维变量等比例缩小。在给定范围内找不到符合鲁棒性的解时，将控制范围"超球" ΔC 的各维变量均以 $\beta\%$ 等比例缩小，形成一个等比例缩小的控制范围 ΔC_β，若在该范围内的鲁棒性满足要求，则称该控制策略的鲁棒性的接受率为 $\beta\%$。与此同时，工程中相应承担 $1-\beta\%$ 的风险。

由于在缩小"超球"的同时，无论对于连续型控制变量还是离散型控制变量，都相当于对控制变量的控制精度要求更高，相应的在工程实际中，改变更换控制设备所带来的经济因素，也是所应考虑的方向。在单位投入产出比给定的条件下，对于不同接受率，找收益平衡，选择参数收益比较好；在收益平衡出不显著的情况下，则选鲁棒性较好的。

2）按优先级缩小部分变量。由于各个控制变量的可控性不同，有的可控性强，有的可控性相对较弱，各变量对目标的影响大小也不同，根据可控性和影响的大小，对各个控制变量进行优先级排名。优先选择可控性强、对目标变量影响大的变量进行调节。在实际工程应用中，可以减少工作量，便于快速地找到符合鲁棒性的控制变量范围。具体按之前论述的可控性的计算方法，首先，对各个控制变量的可控性进行计算和排名，选出部分可控性强、排名前列的控制变量；然后，对条件变量的变动空间进行比较，选出鲁棒空间变动较大的部分条件变量；最后，在鲁棒空间缩小的过程中，优先选择变动上文论述的控制变量和条件变量组合，而非等比例缩小全部变量。同样的，在这种情形下，也会遇到多种控制变量组合都能满足要求的情况。此时还应该考虑收益平衡，优先考虑投入产出比较高的控制变量进行缩小。

认为采用上述方法仍无法区分鲁棒性强弱的各个控制策略的鲁棒性能相同。

3.1.5 鲁棒性评估的实现方法

在对控制策略进行鲁棒性评估过程中，需要求取全局空间和鲁棒空间内的最优和最差性能指标，可以采用抽样优化方法获得最优和最差性能指标。

1. 全局空间优化

由于全局空间中的个体数目较多，$p\%$ 一般可取 $0.1\%\sim0.5\%$，$q\%$ 可取 $0.5\%\sim1.0\%$，即可信度为 $99.0\%\sim99.5\%$，计算得出最少抽样数 N_{min}，对各个控制变量和条件变量在其可能取值范围内随机抽样构成不少于 N_{min} 个可行的样本，分别对各个样本的各项性能指标进行计算，从中得出各项性能指标的最优值和最差值即可。

2. 鲁棒空间优化

由于鲁棒空间中的个体数目较少，$p\%$ 一般可取 $1\%\sim2\%$，$q\%$ 可取 $0.5\%\sim1.0\%$，即可信度为 $99.0\%\sim99.5\%$，计算得出最少抽样数 N_{min}，对各个控制变量和条件变量在其鲁棒空间对应的取值范围内随机抽样构成不少于 N_{min} 个可行的样本，分别对各个样本的各项性能指标进行计算，从中得出各项性能指标的最优值和最差值即可。

在鲁棒空间优化时，对于离散型控制变量（如变压器、并联电容器的档位）的处理方法是：认为其各档位的控制一般可以准确实现，因此选择将其固定为待评估的控制策略中对应的取值。

3.1.6 鲁棒性的评估流程

整个优化及鲁棒性的评估流程具体步骤如下：

第 1 步：采用优化方法在全局空间进行优化。

第 2 步：通过性能差异推选出若干优秀控制策略作为候选策略，单目标优化可直接根据性能差异进行排序，多目标优化则要通过相应的多目标排序择优方法进行推选。

第 3 步：采用抽样优化方法在各候选策略的鲁棒空间内抽样并计算相应的鲁棒性指标 R_c。

第 4 步：结合工程实际而设定鲁棒性阈值 R_{set}，判定各个候选策略的鲁棒性符合要求与否。

第 5 步：结合判定结果，给出相应处理措施：①若通过判定，存在唯一候选控制策略的鲁棒性符合要求，则推选该策略为实施策略；②若存在若干候选控制策略的鲁棒性均符合要求时，可采取扩大鲁棒空间进行二次评估的方式，遴选出鲁棒性最优策略作为实施策略，也可采用排名相加法等进行综合排名后进行遴选；③当判定后各候选控制策略的鲁棒性均不符合要求时，采取缩小鲁棒空间进行二次评估的方式进行推选，并结合缩小比例给出相应的决策风险。

3.2 单目标优化控制策略鲁棒性评估的应用

本节分别以电力系统无功优化控制和电力系统单目标经济调度优化为例，说明单目标优化控制策略的鲁棒性评估方法的应用。

3.2.1 电力系统无功优化控制策略的鲁棒性评估应用算例

下面以如图 3.1 所示 IEEE 30 节点系统的无功优化问题为例，来具体说明单目标优化控制策略的鲁棒性评估方法的应用。

IEEE 30 节点系统中包括 41 条支路、6 个发电机节点以及 21 个负荷节点。其中 6 个发电机节点具体为节点 1、节点 2、节点 5、节点 8、节点 11 和节点 13（其中节点 1 为平衡节点，其他节点为 PV 节点），系统中其余节点为 PQ 节点，该系统基本运行参数与原始数据如文献［10］所述（详见附录 C）。所有功率数据都是以 100MVA 为功率基值的标幺值。

算例中的控制对象包括分组投切并联电容器补偿容量（对应于系统补偿节点 10 与节点 24 两个节点，控制变量名具体定义为 C_1 和 C_2），有载调压变压器变比（对应于系统中节点 6 - 9，4 - 12，6 - 10，27 - 28 之间 4 组变压器，控制变量名具体定义为 T_1、T_2、T_3、T_4），发电机机端电压（对应于系统中节点 1、节点 2、节点 5、节点 8、节点 11 和节点 13 六个发电机组，控制变量名具体定义为 U_1、U_2、U_3、U_4、U_5、U_6），各控制变量见表 3.6。

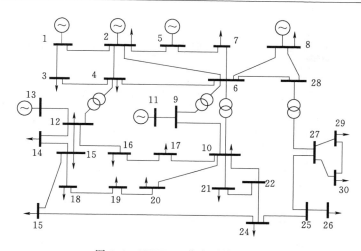

图 3.1 IEEE 30 节点系统接线图

表 3.6	实例中的控制变量		单位：p. u.
控制变量	控制范围	控制精度	变量类型
$T_1 \sim T_4$	$[0.9, 1.1]$	0.025	离散
C_1	$[0, 0.5]$	0.1	离散
C_2	$[0, 0.1]$	0.02	离散
$U_1 \sim U_6$	$[0.95, 1.1]$	0.01	连续

在文献［10］负荷数据的基础之上，叠加了综合考虑其波动及其预测误差的不确定性参数，将 21 个负荷节点分市政生活用电、第三产业用电和重工业行业用电三类[11]，设负荷前节点 1～7 表示第一类，负荷节点 8～14 表示第二类，负荷节点 15～21 表示第三类，三类负荷有功功率和无功功率在某小时内的波动率分别见表 3.7。

表 3.7	三类负荷有功功率和无功功率的波动率			
负荷类型		第一类	第二类	第三类
功率波动率/%	有功功率	+0	+3	+5
		−5	−0	−2
	无功功率	+0	+1.5	+3
		−3	−0	−1

设三类负荷的预测误差分别为 ±3.0%、±2.0%、±3.5%，则综合考虑波动及其预测误差后各类负荷的变化范围百分比见表 3.8。

表 3.8	综合考虑波动及其预测误差后各类负荷的变化范围百分比			
负荷类型		第一类	第二类	第三类
负荷变化范围/%	有功功率	+3	+5.06	+8.675
		−7.85	−2	−5.43
	无功功率	+3	+3.53	+6.605
		−5.91	−2	−4.465

在满足各类约束条件的前提下，进行全局空间抽样优化，选 $p\%$ 和 $q\%$ 均为 0.5%，即可信度为 99.5%。由计算可知，随机抽取 1058 个样本即可得出满意解，分别进行 5 次上述优化，得出 5 个满意控制策略作为候选策略用于进行鲁棒性评估，见表 3.9。

表 3.9		无功优化得出的 5 个待进行鲁棒性评估的控制策略										单位：p.u.
控制策略	U_1	U_2	U_3	U_4	U_5	U_6	T_1	T_2	T_3	T_4	C_1	C_2	P_{loss}
1	1.075	1.055	1.029	1.032	0.999	1.051	1.025	1.050	0.925	1.000	0.1	0.06	0.06543
2	1.078	1.066	1.045	1.024	1.079	1.039	0.900	0.950	1.025	0.950	0.4	0.04	0.06370
3	1.061	1.052	1.044	1.049	1.021	1.032	1.000	0.925	1.000	0.975	0.1	0.08	0.06472
4	1.058	1.052	1.052	1.028	1.042	1.017	0.950	1.000	0.975	0.975	0.2	0.04	0.06469
5	1.051	1.037	1.011	1.032	0.994	1.021	0.900	0.950	1.000	1.000	0.4	0.1	0.06532

根据上述 5 次优化过程中得到的全部可行解，能够得到全局空间最优性能指标为 $f_b=$ 0.063703，最差性能指标为 $f_w=0.118274$，两者之差 $\Delta f=0.054571$。

进行鲁棒空间抽样优化，在各个控制策略的鲁棒空间内进行抽样。$p\%$ 和 $q\%$ 均取 1%，即可信度为 99%，由计算可知，随机抽取 459 个样本即可得到所需的性能最优值与最差值，从而进行鲁棒性评估。假设阈值 R_{set} 取值为 0.72p.u.，对于 5 个控制策略的鲁棒性评估结果见表 3.10。

表 3.10	5 个控制策略的鲁棒性评估结果			单位：p.u.
控制策略	最优值 $f_{b,C}$	最差值 $f_{w,C}$	性能差异 Δf_C	鲁棒性指标 R_C
1	0.06240	0.07760	0.01520	0.7214
2	0.06290	0.07791	0.01501	0.7249
3	0.06311	0.07945	0.01634	0.7006
4	0.06435	0.08160	0.01725	0.6839
5	0.06330	0.07814	0.01485	0.7280

结合已设定的阈值 R_{set}，根据评估结果可知，第 3 组和第 4 个控制策略的鲁棒性不符合要求，其他三个均符合要求。作为单目标优化问题，可直接根据鲁棒性指标 R_C 对各满足要求控制策略的鲁棒性优劣进行比较，得出第 5 个控制策略的鲁棒性最优，其对负荷不确定和控制偏差的承受能力最强。

若设阈值 $R_{set}=0.74$，由表 3.10 可知，5 个控制策略的鲁棒性指标均不符合要求，需要进行再分析。

对于本实例中的离散控制变量，认为其各档位的控制一般可以准确实现，因此可以将其固定为待评估的控制策略中对应的取值。

对于连续型控制变量，则首先需要根据表 3.6 中给出的控制精度进行可控性评估，结果见表 3.11。

表 3.11	各连续控制变量可控性评估结果				单位：p.u.
项目	U_1	U_2	U_3	U_4	U_5	U_6
ΔA_i	0.15	0.15	0.15	0.15	0.15	0.15
ΔB_i	0.027	0.029	0.041	0.025	0.085	0.034

项目	U_1	U_2	U_3	U_4	U_5	U_6
D_i	0.01	0.01	0.01	0.01	0.01	0.01
S_i	0.82	0.81	0.73	0.83	0.43	0.77
排名	2	3	5	1	6	4

表 3.11 中，D_i 为第 i 个控制变量的控制精度，ΔA_i 为第 i 个控制变量在工程中的可取值范围，ΔB_i 为在待进行鲁棒性评估的有限组控制策略中第 i 个控制变量的可达范围，S_i 为第 i 个控制变量的可控性指标。

根据表 3.11 的可控性分析结果，优先调节对性能指标影响大的控制变量 U_4 和 U_1 的鲁棒空间，将其缩小为原来的 80%；根据表 3.8 中三类负荷的变化范围，首先调节鲁棒空间最大的第三类负荷，将其缩小为原来的 80%；重新进行鲁棒性评估，结果见表 3.12。

表 3.12　　　　　　　　**调整部分变量鲁棒空间后的鲁棒性评估结果**　　　　　单位：p. u.

控制策略	最优值 $f_{b,C}$	最差值 $f_{w,C}$	性能差异 Δf_C	鲁棒性指标 R_C	推选策略
1	0.06269	0.07743	0.01475	0.7298	
2	0.06334	0.07732	0.01398	0.7439	√
3	0.06229	0.07740	0.01511	0.7231	
4	0.06455	0.08136	0.01680	0.6921	
5	0.06292	0.07744	0.01452	0.7339	

由表 3.12 可得，第 2 组控制策略的鲁棒性指标已经符合要求（大于 0.74），而其余 4 组控制策略的鲁棒性指标仍不符合要求，表明第 2 组控制策略的鲁棒性最强，在采取技术措施提高了 U_4 和 U_1 的控制精度和提高了对第三类负荷的预测精度后，第 2 组控制策略就能满足工程中鲁棒性的要求。

3.2.2 单目标经济调度优化策略的鲁棒性评估应用算例

电力系统经济调度是在保证系统安全稳定运行的前提下，合理安排系统中各机组的有功出力，以实现系统总运行费用最少、经济效益最好的调度策略。

3.2.2.1 经济调度的优化模型

1. 目标函数

以系统发电成本最少为目标，其目标函数为

$$\min W = \sum_{i=1}^{N} W(P_{\mathrm{G}i}) = \sum_{i=1}^{N} (a_i + b_i P_{\mathrm{G}i} + c_i P_{\mathrm{G}i}^2) \tag{3.9}$$

式中：W 为发电成本函数；N 为系统内发电机组数；$P_{\mathrm{G}i}$ 为机组 i 的有功出力；a_i、b_i、c_i 为机组 i 的燃料费用系数。

2. 约束条件

（1）实时功率平衡约束条件为

$$\sum_{i=1}^{N} P_{\mathrm{G}i} - P_{\mathrm{D}} - P_{\mathrm{loss}} = 0 \tag{3.10}$$

式中：P_D 为系统总负荷；P_{loss} 为系统总网损，与机组的有功出力、传输线路的参数及系统结构有关，计算方法除潮流计算外，还有经典 B 系数法。

在经典 B 系数法中，各网损系数是利用潮流数据，经过严格的数学推导而得出的。网损系数与系统结构、传输线路参数及网络流动有功功率有关，经综合考虑对地支路、非标准变比变压器参数等数据后推出，在计算精度与结果都被验证认可的情况下才被大量引用。本例选择经典 B 系数法，计算式为

$$P_{loss} = \sum_{i}^{N} \sum_{j}^{N} P_{Gi} B_{ij} P_{Gj} \tag{3.11}$$

式中：B_{ij} 为机组 i 和机组 j 之间网损系数，所有 B_{ij} 组成 $N \times N$ 维的方阵 $\boldsymbol{B}$。

因此可用矩阵表示为

$$P_{loss} = \boldsymbol{P}^{\mathrm{T}} \boldsymbol{B} \boldsymbol{P} \tag{3.12}$$

式中：$\boldsymbol{P} = [P_1, P_2, \cdots, P_N]^{\mathrm{T}}$ 表示发电机输出有功功率列向量；N 表示系统内发电机组数；$\boldsymbol{B}$ 为 $N \times N$ 维网损系数矩阵。

（2）机组有功出力约束条件为

$$P_{Gi,\min} \leqslant P_{Gi} \leqslant P_{Gi,\max} \qquad (i = 1, \cdots, n) \tag{3.13}$$

式中：$P_{Gi,\max}$、$P_{Gi,\min}$ 分别为机组 i 的最大和最小有功出力极限；n 表示机组数量。

3.2.2.2　算例分析

选取的算例为一个含有 6 台发电机组的电力系统[12]。该系统中各个发电机组所允许的有功功率出力极限和燃料费用系数见表 3.13[13]。系统网损系数见表 3.14[12]。取发电机机组的控制精度为 2MW。

表 3.13　　　　　　发电机组所允许的有功功率出力极限和燃料费用系数

机组编号	$P_{i,\min}/\mathrm{MW}$	$P_{i,\max}/\mathrm{MW}$	a_i	b_i	c_i
G_1	10	125	756.8	38.54	0.1520
G_2	10	150	451.3	46.16	0.1060
G_3	35	225	1050.0	40.40	0.0280
G_4	35	210	1243.5	38.31	0.0355
G_5	130	325	1658.6	36.33	0.0211
G_6	125	315	1356.7	38.27	0.0180

表 3.14　　　　　　　　系 统 网 损 系 数

机组编号	B_{i1}	B_{i2}	B_{i3}	B_{i4}	B_{i5}	B_{i6}
G_1	0.002022	−0.000286	−0.000533	−0.000565	−0.000454	−0.000103
G_2	−0.000286	0.003243	0.000016	−0.000307	−0.000422	−0.000147
G_3	−0.000533	0.000016	0.002085	0.000831	0.000023	−0.000270
G_4	−0.000565	−0.000307	0.000831	0.001129	0.000113	−0.000295
G_5	−0.000454	−0.000422	0.000023	0.000113	0.000460	−0.000153
G_6	−0.000103	−0.000147	−0.000270	−0.000295	−0.000153	0.000898

在满足各类约束的基础之上，进行全局空间抽样优化，选 $p\%$ 取为 0.5%、$q\%$ 取 1%，即可信度为 99%。由计算可得，随机抽取 919 个样本即可得出满意解。在全局优化过程中，设负荷在某一固定的平均水平 700MW 下，每次选出一个优秀控制策略作为待评估控制策略。分别进行 5 次上述优化，得出 5 个满意解（即控制策略）用于进行鲁棒性评估，仿真计算结果见表 3.15。

表 3.15 优化得出的 5 个待进行鲁棒性评估的控制策略

控制策略	P_{G1}/MW	P_{G2}/MW	P_{G3}/MW	P_{G4}/MW	P_{G5}/MW	P_{G6}/MW	发电成本/$
1	72.81	47.28	56.80	129.73	240.73	188.68	38330.78
2	72.98	45.64	43.72	91.75	264.45	215.86	38283.17
3	62.01	57.92	45.34	111.46	254.64	205.24	38352.92
4	80.35	45.52	49.88	89.05	309.45	155.91	38361.43
5	75.41	48.19	43.16	114.90	264.38	184.67	38185.27

纵观 5 次全局优化结果，目标发电成本 W 全局最优指标 $f_b = 38185.27$ \$，最差指标为 $f_w = 47825.64$ \$，全局性能差异 $\Delta f = 9640.37$ \$。

在控制精度为 2MW，负荷波动选取 $\pm2\%$ 情况下进行鲁棒空间的优化，$p\%$ 和 $q\%$ 均取 1%，即可信度为 99%。由计算可得，随机抽 459 次即可满足要求。假设工程中给定阈值 R_{set} 值为 0.92，5 个候选控制策略关于发电成本指标的鲁棒性评估结果见表 3.16。

表 3.16 5 个候选控制策略关于发电成本指标的鲁棒性评估结果

控制策略	最优指标/$	最差指标/$	性能差异/$	鲁棒性指标 R_C
1	37987.25	38742.02	754.77	0.9217
2	37885.08	38687.50	802.42	0.9168
3	37963.01	38668.95	705.94	0.9268
4	38014.38	38750.87	736.49	0.9236
5	37824.26	38551.94	727.68	0.9245

根据工程中设置的阈值 R_{set} 可以判断得出，控制策略 1、控制策略 3、控制策略 4、控制策略 5 的鲁棒性均满足要求。对于单目标优化问题，通过鲁棒性指标 R_C 的数值可直接得到第 3 个候选控制策略的鲁棒性最优。由于 4 个候选控制策略的鲁棒性指标在此类情况下差距并不明显，为了从满足要求的 4 个控制策略中选出鲁棒性最优的一个控制策略，下面通过第二章描述的方法扩大鲁棒空间对该 4 个候选控制策略进行二次评估。此处选择将鲁棒空间扩大 5%，评估结果见表 3.17。

表 3.17 关于目标发电成本的鲁棒性二次评估结果

控制策略	最优指标/$	最差指标/$	性能差异/$	鲁棒性指标 R_C	推选策略
1	37874.77	38752.51	877.74	0.9090	
3	37986.57	38732.62	746.05	0.9226	√
4	37915.55	38823.91	908.36	0.9058	
5	37772.96	38657.87	884.91	0.9082	

通过对候选控制策略 1、控制策略 3、控制策略 4、控制策略 5 的鲁棒性二次评估得出，在扩大鲁棒空间后，控制策略 3 的鲁棒性指标 R_C 依然优于阈值 R_{set}，而控制策略 1、控制策略 4、控制策略 5 的鲁棒性指标均出现小于阈值 R_{set} 的现象，充分表明了控制策略 3 优越的鲁棒性，最终推选控制策略 3。

3.3 多目标优化控制策略鲁棒性评估的应用

本节以电力系统环境经济调度为例，说明多目标优化控制鲁棒性评估的应用。

3.3.1 电力系统环境经济调度模型

对于传统电力系统经济调度而言，长期以煤耗或发电成本最小化作为优化的目标，后来有专家学者提出将环境因素与经济调度一同考虑，即所谓环境经济调度。电力系统环境经济调度（Economic Emission Dispatch，EED）是在满足系统功率平衡和各类约束的情况下，通过合理分配电力资源以满足负荷的需要，并且在发电成本与污染气体排放量中取折中解。

3.3.1.1 环境经济调度目标函数

常用的环境经济调度优化目标函数主要有发电成本最小化、污染气体排放量最小和系统网损最小化三种。

1. 发电成本最小化

常规火电机组的耗量特性大都是其有功出力的二次函数，以发电成本最小化为目标的经济调度模型为

$$\min W = \sum_{i=1}^{N} W(P_{Gi}) = \sum_{i=1}^{N} (a_i + b_i P_{Gi} + c_i P_{Gi}^2) \tag{3.14}$$

式中：W 为发电成本函数；N 为系统内发电机组数；P_{Gi} 为机组 i 的有功出力；a_i、b_i、c_i 为机组 i 的燃料费用系数。

式（3.14）目标与单目标优化中的式（3.9）完全相同，本节除了考虑式（3.14）描述的发电成本外，还要优化下述目标。

2. 污染气体排放量最小

火力发电厂在运行过程中需要大量燃烧煤、石油等化石能源，在此过程中发电厂势必会将大量的污染气体排放到大气中，污染环境破坏空气质量。为保护环境，需减少污染气体的排放量，如 SO_x，NO_x 等。本节选取具有代表性的 NO_x 排放量为研究对象，以污染气体排放量最小化为目标，具体函数表达式为

$$\min E = \sum_{i=1}^{N} E_i(P_{Gi}) = \sum_{i=1}^{N} (\alpha_i + \beta_i P_{Gi} + \gamma_i P_{Gi}^2) \tag{3.15}$$

式中：E 为污染气体排放量函数；α_i、β_i、γ_i 为机组 i 的污染气体排放量系数；N、P_{Gi} 与发电成本目标中的含义相同。

3. 系统网损最小化

$$\min P_{loss} = \sum_{i}^{N} \sum_{j}^{N} (P_{Gi} B_{ij} P_{Gj}) \tag{3.16}$$

式中：B_{ij} 为机组 i 和机组 j 之间的网损系数，所有 B_{ij} 组成 $N \times N$ 维的方阵 $\boldsymbol{B}$。

3.3.1.2 约束条件

约束条件包括实时功率平衡约束，式（3.10）～式（3.12）以及机组的有功出力约束式（3.13），这些描述与 3.2.2.1 的相同，不再赘述。

3.3.2 算例分析

算例为电力系统中一个含有 6 台发电机组的系统[12]。该系统中各个发电机组所允许的有功功率出力极限、燃料费用系数和污染气体排放量系数见表 3.18[13]。系统网损系数见表 3.14[12]。在负荷为 700MW 水平下进行仿真计算，取发电机机组的控制精度为 2MW。

表 3.18　发电机组所允许的有功功率出力极限、燃料费用系数和污染气体排放量系数

机组编号	$P_{i,min}$/MW	$P_{i,max}$/MW	a_i	b_i	c_i	α_i	β_i	γ_i
G_1	10	125	756.8	38.54	0.1520	13.86	0.328	0.0042
G_2	10	150	451.3	46.16	0.1060	13.86	0.328	0.0042
G_3	35	225	1050.0	40.40	0.0280	40.27	−0.546	0.0068
G_4	35	210	1243.5	38.31	0.0355	40.27	−0.546	0.0068
G_5	130	325	1658.6	36.33	0.0211	42.90	−0.511	0.0046
G_6	125	315	1356.7	38.27	0.0180	42.90	−0.511	0.0046

1. 环境经济调度双目标优化实例

选择发电成本最小（目标 1）和污染气体排放量最小（目标 2）两个目标函数组成多目标优化模型。

在满足各类约束条件的基础之上，进行全局空间抽样优化，选 $p\% = 0.5\%$、$q\% = 1\%$，即可信度为 99%，由计算可得，随机抽取 919 个样本即可得出满意解。在全局优化过程中，设负荷在某一固定的平均水平 700MW 下，利用投票排序法，每次选出一个优秀控制策略作为待评估控制策略。分别进行 5 次上述优化，得出 5 组满意解（即控制策略）用于进行鲁棒性评估，仿真计算结果见表 3.19。

表 3.19　　　　　优化得出的 5 个待进行鲁棒性评估的控制策略

控制策略	P_{G1}/MW	P_{G2}/MW	P_{G3}/MW	P_{G4}/MW	P_{G5}/MW	P_{G6}/MW	发电成本/$	排放量/kg
1	100.49	59.65	71.61	90.63	223.88	182.60	38634.86	482.31
2	100.53	64.85	54.87	122.23	212.27	172.50	38680.90	481.32
3	76.41	48.96	75.43	131.06	218.10	189.52	38527.25	488.26
4	74.06	67.48	92.71	124.03	215.04	171.01	38944.93	477.32
5	105.25	68.16	48.94	112.12	210.50	180.50	38758.21	484.71

纵观 5 次全局优化结果，目标 1 发电成本 W 全局最优指标 $f_{b,1} = 38185.27\$$，最差指标 $f_{w,1} = 48901.67\$$，全局性能差异 $\Delta f_1 = 10716.40\$$；目标 2 排放量 E 全局最优指标 $f_{b,2} = 466.99$kg，最差指标 $f_{w,2} = 878.19$kg，全局性能差异 $\Delta f_2 = 411.20$kg。

在控制精度为 2MW，负荷波动选取 $\pm 2\%$ 情况下进行鲁棒空间优化，$p\%$ 和 $q\%$ 均取 1%，即可信度为 99%，抽取 459 次即可获得满意解。设两个目标鲁棒性指标阈值 $R_{set,1}$ 和 $R_{set,2}$ 分别设定为 0.92 和 0.96。

对于多目标情况，认为只有对于每个性能指标的鲁棒性都满足要求时，才认为相应控制策略的鲁棒性满足要求。即在判定评估过程中，需要对各个性能指标的鲁棒性分别进行计算分析。针对以上两个目标，5 个优秀控制策略的鲁棒性评估结果见表 3.20 和表 3.21。

表 3.20　　　　　　5 个控制策略关于发电成本指标的鲁棒性评估结果

控制策略	最优指标/$	最差指标/$	性能差异/$	鲁棒性指标 $R_{C,1}$
1	38279.87	39051.03	771.16	0.9280
2	38276.09	39133.57	857.48	0.9199
3	38068.67	39033.41	964.74	0.9099
4	38581.52	39350.79	769.27	0.9282
5	38376.50	39142.58	766.08	0.9285

表 3.21　　　　　　5 个控制策略关于污染气体排放量指标的鲁棒性评估结果

控制策略	最优指标/kg	最差指标/kg	性能差异/kg	鲁棒性指标 $R_{C,2}$
1	474.81	490.55	15.74	0.9617
2	472.96	489.61	16.65	0.9595
3	479.49	498.59	19.10	0.9536
4	469.44	485.96	16.52	0.9598
5	477.53	492.33	14.80	0.9640

根据评估结果，结合工程设定阈值 R_{set} 进行鲁棒性判断，判断条件为

$$R_{C,1} > R_{set,1} \tag{3.17}$$

$$R_{C,2} > R_{set,2} \tag{3.18}$$

对于目标 1 而言，控制策略 1、控制策略 4、控制策略 5 的鲁棒性指标满足式（3.17）的要求。对于目标 2，控制策略 1、控制策略 5 的鲁棒性指标符合式（3.18）要求。

多目标控制策略鲁棒性判定原则为对每一待评估控制策略检查各个目标的鲁棒性是否均满足式（3.17）和式（3.18）均满足才认为该策略鲁棒性合格，所以综合判定后得出策略 1、控制策略 5 的鲁棒性符合要求。

为了进一步从以上两个满意控制策略中遴选出鲁棒性综合最优的控制策略，通过等比例扩大鲁棒空间的方式，作进一步评估。针对本例，此处选择鲁棒空间的扩大比例为 5%。重新评估后的仿真计算结果见表 3.22 和表 3.23。

表 3.22　　　　　　调整变量空间后两策略关于发电成本指标的鲁棒性评估结果

控制策略	最优指标/$	最差指标/$	性能差异/$	鲁棒性指标 $R_{C,1}$
1	38212.71	39073.39	860.68	0.9197
5	38392.19	39188.75	796.56	0.9257

表 3. 23　　　调整变量空间后两策略关于污染气体排放指标的鲁棒性评估结果

控制策略	最优指标/kg	最差指标/kg	性能差异/kg	鲁棒性指标 $R_{C,2}$
1	473.62	490.96	17.34	0.9578
5	477.09	492.95	15.86	0.9614

从表 3.22 和表 3.23 可以得出，控制策略 1 在扩大鲁棒空间再次评估时，出现鲁棒性指标低于设定阈值的状况，而控制策略 5 在扩大鲁棒空间情况下，依然保持较好且符合要求的鲁棒性。因此，综合评估后，控制策略 5 鲁棒性最优，其对负荷不确定和控制偏差的承受能力最强，选择鲁棒性最优的控制策略 5 为实施控制策略。

2. 考虑有功网损的环境经济调度多目标优化实例

选择发电成本最小化（目标 1）、污染气体排放量最小化（目标 2）和系统有功网损最小化（目标 3）三个目标函数组成多目标优化模型。

在满足各类约束的基础之上，进行全局空间抽样优化方法，选 $p\% = 0.5\%$、$q\% = 1\%$，即可信度为 99%。由计算可得，随机抽取 919 个样本即可得出满意解。在全局优化过程中，设负荷在某一固定的平均水平 700MW 下，利用投票排序法，每次选出一个优秀控制策略作为待评估控制策略。分别进行 5 次上述优化，得出 5 个满意解（即控制策略）用于进行鲁棒性评估，结果见表 3.24。

表 3. 24　　　　优化得出的 5 个待进行鲁棒性评估的控制策略

控制策略	P_{G1}/MW	P_{G2}/MW	P_{G3}/MW	P_{G4}/MW	P_{G5}/MW	P_{G6}/MW	发电成本/$	排放量/kg	系统网损/MW
1	81.91	51.42	54.56	120.61	223.03	200.95	38340.57	498.49	32.80
2	97.54	73.22	44.60	103.92	214.27	192.65	38686.65	492.40	26.52
3	92.25	62.92	45.33	131.77	210.40	184.97	38515.03	491.64	28.59
4	100.30	61.29	64.97	78.00	242.21	178.41	38524.35	498.46	25.89
5	103.90	58.16	56.04	144.25	213.29	153.47	38828.73	490.46	29.99

纵观 5 次全局优化结果，关于各个目标性能在全局空间内的优劣情况见表 3.25。

表 3. 25　　　　　　各目标性能在全局空间内的优劣情况

项目	目标 1 发电成本/$	目标 2 排放量/kg	目标 3 系统网损/MW
最优指标	38255.28	466.39	21.21
最差指标	48880.14	862.60	202.67
性能差异	10624.86	396.21	181.46

在控制精度为 2MW，负荷波动依然选取 ±2% 情况下，$p\%$ 和 $q\%$ 均取 1%，即可信度为 99%。由计算可得，随机抽 459 次即可满足要求。设三个目标鲁棒性指标阈值分别设定为 $R_{set,1} = 0.91$、$R_{set,2} = 0.95$、$R_{set,3} = 0.98$。5 个优选控制策略的鲁棒性评估结果如下。

5 个控制策略关于目标 1 发电成本指标的鲁棒性评估结果见表 3.26。

表 3.26　　　　　5 个控制策略关于目标 1 发电成本指标的鲁棒性评估结果

控制策略	最优指标/$	最差指标/$	性能差异/$	鲁棒性指标 $R_{C,1}$	$R_{C,1}$ 排名
1	37927.23	38746.56	819.33	0.9229	2
2	38263.71	39073.41	809.70	0.9238	1
3	38103.08	39043.12	940.04	0.9115	5
4	38066.48	38957.75	891.27	0.9161	4
5	38401.82	39256.00	854.18	0.9196	3

5 个控制策略关于目标 2 排放量指标的鲁棒性评估结果见表 3.27。

表 3.27　　　　　5 个控制策略关于目标 2 排放量指标的鲁棒性评估结果

控制策略	最优指标/kg	最差指标/kg	性能差异/kg	鲁棒性指标 $R_{C,2}$	$R_{C,2}$ 排名
1	489.49	506.75	17.26	0.9564	3
2	484.57	500.29	15.72	0.9603	1
3	484.47	501.77	17.30	0.9563	4
4	490.01	506.45	16.44	0.9585	2
5	481.97	500.17	18.20	0.9541	5

5 个控制策略关于目标 3 系统网损指标的鲁棒性评估结果见表 3.28。

表 3.28　　　　　5 个控制策略关于目标 3 系统网损指标的鲁棒性评估结果

控制策略	最优指标/MW	最差指标/MW	性能差异/MW	鲁棒性指标 $R_{C,3}$	$R_{C,3}$ 排名
1	31.83	33.82	1.99	0.9890	3
2	25.72	27.29	1.57	0.9913	2
3	27.61	29.76	2.15	0.9882	4
4	25.17	26.68	1.51	0.9917	1
5	28.92	31.12	2.20	0.9879	5

由表 3.26～表 3.28 中的鲁棒性评估结果可得，5 个候选控制策略的鲁棒性均符合要求。分别采用第 2 章所述的排名相加法与性能遴选法对其进行进一步的遴选。为此，需要对各个控制策略在其鲁棒空间内的各项性能指标的均值进行计算并排名，再结合表 3.27～表 3.29 中给出的各项指标对应的鲁棒性排名进行下一步工作。

5 个候选控制策略在各自鲁棒空间内对应各项性能指标的均值及排名见表 3.29。

表 3.29　　　　5 个候选控制策略在各自鲁棒空间内对应各项性能指标的均值及排名

控制策略	发电成本/$	相应排名	排放量/kg	相应排名	有功网损/MW	相应排名
1	38352.03	1	498.82	5	32.81	5
2	38681.56	4	492.29	3	26.54	2
3	38517.72	2	491.76	2	28.61	3
4	38531.73	3	498.55	4	25.91	1
5	38830.00	5	490.54	1	29.99	4

综合考虑5个候选控制策略关于各个指标鲁棒性的排名及相应鲁棒空间内各指标均值的排名情况，利用性能遴选法进行排序，最终排名结果见表3.30。

表 3.30　　　　　　　　　　5 个控制策略用性能遴选法排序结果

控制策略	各项性能指标均值排名			各项性能指标鲁棒性排名			最差排序	次差排序	推选策略
	目标 1	目标 2	目标 3	目标 1	目标 2	目标 3			
1	1	5	5	2	3	3	5	3	
2	4	3	2	1	1	2	4	3	√
3	2	2	3	5	4	4	5	4	
4	3	4	1	4	2	1	4	4	
5	5	1	4	3	5	5	5	4	

由表 3.30 可以得出，候选控制策略 2、控制策略 4 的最差排序为 4，优于其他 3 组候选策略；控制策略 2 的次差排序为 3，优于控制策略 4；因此最终推选出控制策略 2 为优秀策略作为实施控制策略。

若用排名相加法进行考量，则需要将 5 个控制策略关于各个指标鲁棒性的排名及相应鲁棒空间内各项性能指标均值的排名相加后综合考虑，结果见表 3.31。

表 3.31　　　　　　　　　　5 个控制策略用排名相加法排序结果

控制策略	各项性能指标均值排名			各项性能指标鲁棒性排名			排序之和	综合排名	推选策略
	目标 1	目标 2	目标 3	目标 1	目标 2	目标 3			
1	1	5	5	2	3	3	19	3	
2	4	3	2	1	1	2	13	1	√
3	2	2	3	5	4	4	20	4	
4	3	4	1	4	2	1	15	2	
5	5	1	4	3	5	5	23	5	

由表 3.31 可以看出，在将各个控制策略性能排序的序号相加后，得出综合排名，排名第 1 的控制策略 2 为最优控制策略。

可见，采用性能遴选法和排名相加法遴选出的鲁棒性能好的控制策略都是控制策略 2。

本　章　小　结

（1）控制策略的鲁棒性反映了该控制策略在控制变量的可调节精度范围和条件变量的变化范围内性能的稳定性。据此定义了鲁棒性指标，其越大则控制策略的鲁棒性越强。对于单目标优化问题，若一个控制策略的鲁棒性指标超过设置的阈值，则认为该控制策略的鲁棒性满足要求。对于多目标优化问题，只有对于每个性能指标的鲁棒性都满足要求时，才认为该控制策略的鲁棒性满足要求。

（2）多个控制策略的鲁棒性比较可以逐渐采取等比例扩大各个控制变量的控制精度和条件变量的变化范围的方式扩大鲁棒空间，并重新进行鲁棒性评估，先不符合鲁棒性要求的控制策略的鲁棒性弱于后不符合鲁棒性要求的控制策略。也可以采用排名相加法或结合多目标择优的性能遴选法进行比较。

（3）分别以电力系统无功优化控制和电力系统单目标经济调度优化为例，详细论述了单目标优化控制鲁棒性评估的应用；以电力系统环境经济调度为例，详细说明了多目标优化控制鲁棒性评估的应用。

第4章 非充分信息估计

在工程实践中,经常遇到信息不够充分的情形。比如,在对一些参数的测试中,由于所采集到的量测信息不够充分以至于对参数的全面准确辨识造成不利影响;在发生故障的情形下,由于所掌握的信息不够充分而对故障的诊断造成不利影响;……本章主要探讨非充分信息的利用和挖掘问题。

4.1 参数的可测性

在对一些参数进行测试的工程实践中,经常会发现:在根据现场测试数据对这些参数的辨识结果中,一部分参数的辨识准确度很高,而另一部分参数的误差较大。而且,无论怎样增加测试工作量,无论如何提高测试设备的精度,仍有一部分参数的精度不能得以改善。

上述现象涉及一个基本问题,即参数的可测性问题。

4.1.1 本征可测性与完全可量测系统

1. 本征明晰参数

对于一个具有 N 个待估计参数 $\theta(N \times 1$ 维$)$ 的系统,在所有可以注入信号的位置分别注入激励信号,并分别量测所有可量测位置的信号,最大限度地获取量测数据并建立量测方程,假设根据这些量测方程能够唯一确定 $n_{1,1}$ 个待估计参数的值,另外 $N-n_{1,1}$ 个参数的值则具有不确定性而不能唯一确定,则称能够唯一确定的 $n_{1,1}$ 个待估计参数为**本征明晰参数**。

2. 本征不确定参数

称本征明晰参数以外的 $N-n_{1,1}$ 个参数为**本征不确定参数**。

3. 本征可测性

本征明晰参数占所有待估计参数的比例称为该系统的**本征可测性**,用 E_1 表示,即

$$E_I = \frac{n_{1,1}}{N} \tag{4.1}$$

4. 完全可量测系统

对于一个系统,若其本征可测性 $E_1 = 1$,即所有待估计参数都是本征明晰参数,则称该系统是**完全可量测系统**。

5. 非完全可量测系统

对于一个系统,若其本征可测性 $E_1 < 1$,即存在不确定的待估计参数,则称该系统是**非完全可量测系统**。

本征可测性反映了一个系统参数的最大限度可辨识性,在测试量足够大的情况下,无论待辨识参数如何取值,本征明晰参数总是可以比较准确地辨识出来的,其辨识的精度取决于激励源的稳定性和测试仪器的精确度;而无论怎样加大测试工作量和提高激励源的稳定性和测试仪器的精确度,一般都不能有效地减少本征不确定参数的辨识误差,即使有可能出现少量本征不确定参数的辨识精度较高的现象,多数情况下也是偶然的,少数情况下是由于系统中的参数取值比较特殊所致。

　　例如,对于图 4.1 所示的两个系统,分别由三个待测量的电阻构成。

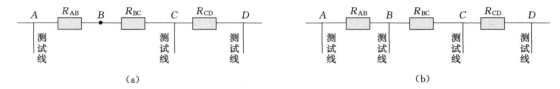

(a)　　　　　　　　　　　　　　　　　　(b)

图 4.1　由三个待测量的电阻构成的系统

　　图 4.1 (a) 中,节点 A、C 和 D 处分别接有测试线 (即是"可及节点"),而节点 B 没有接测试线 (即是"不可及节点")。因此电阻 R_{CD} 可以准确测量,是本征明晰参数,而电阻 R_{AB} 和 R_{BC} 不能准确测量。因为尽管 R_{AB} 和 R_{BC} 串联的总电阻可以准确测得,但是因节点 B 不可及,R_{AB} 和 R_{BC} 的具体分配比例就不能确定,因此 R_{AB} 和 R_{BC} 是本征不确定参数。整个系统是非完全可量测系统,其本征可测性 $E_I=1/3$。

　　图 4.1 (b) 中,节点 A、B、C 和 D 处都分别接有测试线 (即是"可及节点"),因此电阻 R_{AB}、R_{BC} 和 R_{CD} 都分别可以准确测量,它们都是本征明晰参数,整个系统是完全可量测系统,其本征可测性 $E_I=3/3=1$。

4.1.2　测试可测性与充分测试

　　1. 测试明晰参数和测试不确定参数

　　对于一个具有 N 个待估计参数 $\theta(N\times1$ 维) 的系统,假设采取某种测试方案 (包括选定信号注入位置、信号量测位置以及注入的信号系列等),获得了 M 组量测数据,根据这些量测数据可以建立 M 个方程,假设用这 M 个方程能够唯一确定 $n_{T,1}$ 个待估计参数的值,另外 $N-n_{T,1}$ 个参数的值则具有不确定性而不能唯一确定,则称能够唯一确定的 $n_{T,1}$ 个待估计参数为**测试明晰参数**;称另外 $N-n_{T,1}$ 个参数为**测试不确定参数**。

　　2. 测试可测性

　　测试明晰参数占所有待估计参数的比例称为该系统在该种测试方案下的**测试可测性**,用 E_T 表示,即

$$E_T=\frac{n_{T,1}}{N} \tag{4.2}$$

　　3. 完备测试方案和非完备测试方案

　　若测试明晰参数的个数等于本征明晰参数的个数,反映出该测试方案可以唯一确定所有本征明晰参数,则称该测试方案是**完备测试方案**;若测试明晰参数的个数小于本征明晰参数的个数,反映出该测试方案不能唯一确定所有本征明晰参数,则称该测试方案是**非完**

备测试方案。

对于完备测试方案，有

$$E_{\mathrm{T}} = E_{\mathrm{I}}, \text{即 } n_{\mathrm{T},1} = n_{\mathrm{I},1} \tag{4.3}$$

对于非完备测试方案，有

$$E_{\mathrm{T}} < E_{\mathrm{I}}, \text{即 } n_{\mathrm{T},1} < n_{\mathrm{I},1} \tag{4.4}$$

4. 测试方案的优越性

对于 A 和 B 两个测试方案，若测试方案 A 可以得到的明晰参数的数量比测试方案 B 可以得到的明晰参数的数量多，则测试方案 A 较测试方案 B 更优越。

例如，对于图 4.1（b）所示的系统，A 和 B 两个测试方案如下：

A 测试方案：①激励 U_{AB}，量测 I_{A}；②激励 U_{AD}，量测 I_{A}；③激励 U_{BD}，量测 I_{B}。

B 测试方案：①激励 U_{AB}，量测 I_{A}；②激励 U_{AC}，量测 I_{A}；③激励 U_{AD}，量测 I_{A}。

对于 A 测试方案，根据测试①可以得出 R_{AB}；根据测试②可以得出 $R_{\mathrm{AB}}+R_{\mathrm{BC}}+R_{\mathrm{CD}}$，由于已得出 R_{AB}，因此可以确定 $R_{\mathrm{BC}}+R_{\mathrm{CD}}$；根据测试③可以得出 $R_{\mathrm{BC}}+R_{\mathrm{CD}}$；但是 R_{BC} 和 R_{CD} 仍无法得出，因此 R_{AB} 是测试明晰参数，R_{BC} 和 R_{CD} 是测试不确定参数，测试可测性 $E_{\mathrm{T}}=1/3$，而由 4.1.1 可知该系统为完全可量测系统，其本征可测性 $E_{\mathrm{I}}=3/3=1$，因此反映出 A 测试方案是非完备测试方案。

对于 B 测试方案，根据测试①可以得出 R_{AB}；根据测试②可以得出 $R_{\mathrm{AB}}+R_{\mathrm{BC}}$，由于已得出 R_{AB}，因此可以确定 R_{BC}；根据测试③可以得出 $R_{\mathrm{AB}}+R_{\mathrm{BC}}+R_{\mathrm{CD}}$；由于已得出 R_{AB} 和 R_{BC}，因此可以确定 R_{CD}；所以 R_{AB}、R_{BC} 和 R_{CD} 都是测试明晰参数，测试可测性 $E_{\mathrm{T}}=3/3=1$，而由 4.1.1 可知该系统为完全可量测系统，其本征可测性 $E_{\mathrm{I}}=3/3=1$，因此反映出 B 测试方案是完备测试方案。

4.2 参数的可测性估计方法

由 4.1 节论述可见，对于参数测量问题，可测性是一个非常重要的概念，本节探讨可测性的估计方法。

4.2.1 基于蒙特卡罗方法的参数可测性估计

本节论述利用蒙特卡罗方法估计参数的本征可测性和测试可测性的方法，前者在系统中在所有可以注入信号的位置分别引入给定的激励信号，然后，分别计算所有可量测位置的信号并将其作为量测数据，以确保分析中检验的是完备测试方案且最大限度地获取量测数据并建立量测方程；后者则针对给定测试方案进行。

基于蒙特卡罗方法的可测性估计基本方法的主要步骤为：

（1）$k=1$，$\tilde{\mu}^{<k>}=\tilde{\sigma}^{<k>}=0$，设置一个阈值 Λ、最大样本个数 $N_{\max}$。

（2）对于给定系统，在合理范围内，随机设置其各参数的一组值作为一个样本，用 $\boldsymbol{R}^{<k>}$ 表示。

（3）在完备测试方案下（对于本征可测性估计的情形）或根据给定的测试方案（对于测试可测性估计的情形），分别将信号施加在相应位置并根据系统的模型计算出各位置处的量测值，将它们作为量测数据。

（4）根据得到的量测数据，采用相应方法进行参数估计，结果用 $\hat{R}^{<k>}$ 表示。

（5）若 $k=1$，则 $k=k+1$，返回（2）；否则根据 k 次迭代中的 $R^{<k>}$ 和 $\hat{R}^{<k>}$ 分别计算各参数估计结果的平均相对误差绝对值 $\tilde{\mu}^{<k>}$ 和相对误差绝对值的标准差 $\tilde{\sigma}^{<k>}$，对于第 i 个参数，有

$$\tilde{\mu}_i^{<k>} = \frac{1}{k}\sum_{j=1}^{k}\left| \frac{\hat{R}_i^{<k>} - R_i^{<j>}}{R_i^{<j>}} \right| \qquad (4.5)$$

$$\tilde{\sigma}_i^{<k>} = \sqrt{\frac{1}{k-1}\sum_{j=1}^{k}\left(\left| \frac{\hat{R}_i^{<j>} - R_i^{<j>}}{R_i^{<j>}} \right| - \tilde{\mu}_i^{<k>} \right)^2} \qquad (4.6)$$

（6）判断式（4.7）是否成立，若成立，则 $\tilde{\mu}=\tilde{\mu}^{<k>}$，$\tilde{\sigma}=\tilde{\sigma}^{<k>}$，进行（7）；否则，$k=k+1$，返回（2）。

$$\left\| \tilde{\mu}^{<k>} - \tilde{\mu}^{<k-1>} \right\|_2 + \left\| \tilde{\sigma}^{<k>} - \tilde{\sigma}^{<k-1>} \right\|_2 < \varepsilon \qquad (4.7)$$

式中：$\|x\|_2$ 为 x 的欧氏范数；ε 为一个给定的正数，其取值取决于收敛精度要求。

（7）若 $k < N_{\max}$，则 $k=k+1$，返回（2）；否则，进行（8）。

（8）对于本征可测性和测试可测性估计的情形，根据 $\tilde{\mu}_i^{<k>}$ 和 $\tilde{\sigma}_i^{<k>}$ 是否小于阈值 Λ 判断参数的可测性。比如，对于第 i 个参数，若

$$\tilde{\mu}_i^{<k>} < \Lambda \text{ 且 } \tilde{\sigma}_i^{<k>} < \Lambda \qquad (4.8)$$

则第 i 个参数为明晰参数，否则第 i 个参数为不确定参数。

根据本征明晰参数或测试明晰参数所占的比例即可得出本征可测性。

4.2.2　明晰与不确定的可靠判别

在应用基于蒙特卡罗方法进行参数的可测性估计时，阈值 Λ 的选取十分重要。若阈值 Λ 选取得太大，则有可能将一些不确定参数误判为明晰参数；若阈值 Λ 选取得太小，则有可能将一些明晰参数误判为不确定参数。同时，由于样本的随机性以及各个不确定参数的相对取值范围差异很大，使得阈值 Λ 的选取很难掌握。因此，参数的可测性估计结果受阈值 Λ 选取的主观随意性影响比较大。

为此，本小节提出一种基于最小生成树算法的明晰与不确定的自动判别方法［简称为"最小生成树判别法（MSTC）"］。

1. MSTC 的主要步骤

（1）对于各个参数，分别以其参数估计结果的平均相对误差绝对值和相对误差绝对值的标准差为横坐标和纵坐标，使其成为由 $\tilde{\mu}^{<k>}$ 和 $\tilde{\sigma}^{<k>}$ 构成的二维平面上的一组顶点，如图 4.2 所示。例如，对于第 i 个参数，其坐标为 $(\tilde{\mu}_i^{<k>}, \tilde{\sigma}_i^{<k>})$。

（2）将 $\tilde{\mu}^{<k>}$ 和 $\tilde{\sigma}^{<k>}$ 构成的二维平面上的各个顶点两两之间分别用一个边相连，构成一个具有 N_B 个顶点、$N_B!/2$ 个边的图，如图 4.3 所示，其中 N_B 为系统中待估计参数的个数。

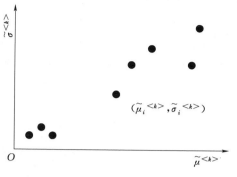

图 4.2　使参数成为二维平面上的顶点

图 4.3　边的构造

（3）分别计算 $\tilde{\mu}^{<k>}$ 和 $\tilde{\sigma}^{<k>}$ 构成的二维平面上的各个顶点两两之间的欧氏距离，并分别将其作为相应边的权。

（4）采用 Prim 算法或 Kruskal 算法得到将所有顶点都相连的最小生成树，如图 4.4 所示。

（5）对于最小生成树中的各个边，分别计算其两个端点到 $\tilde{\mu}^{<k>}$ 和 $\tilde{\sigma}^{<k>}$ 构成的二维平面的原点的欧氏距离的比值 ρ（欧氏距离大的作分子、欧氏距离小的作分母），将该比值最大的边断开，从而将各个参数分为两棵树，将与到原点的欧氏距离较小的顶点相连的树中的参数判断为明晰参数，将与到原点的欧氏距离较大的顶点相连的树中的参数判断为不确定参数，如图 4.5 所示。

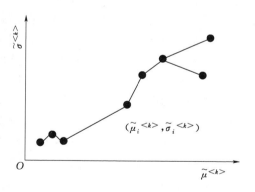

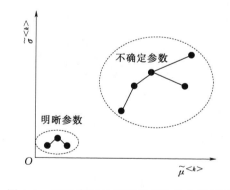

图 4.4　生成最小生成树

图 4.5　明晰参数与不确定参数的分类判别

2. MSTC 存在的问题

实际应用中上述 MSTC 方法仍存在以下问题，需要加以改进：

（1）在所有参数都是明晰的、或所有参数都是不确定的情况下，上述方法仍会将参数分为两类。解决该问题的一种可行方法是：补充加入一个距离原点很近的顶点（$\tilde{\mu}^{<k>}$ 和 $\tilde{\sigma}^{<k>}$ 很小，代表明晰的含义）和补充加入一个距离原点较远的顶点（$\tilde{\mu}^{<k>}$ 和 $\tilde{\sigma}^{<k>}$ 比较大，但不能太大，代表典型不确定的含义即可），这样就可使得任何情况下都既有明晰参数又有不确定参数存在，如图 4.6 所示，方框代表补充的明晰顶点，三角表示补充的不确定顶点。这种解决措施称为"补充明确顶点法（AVK）"。

（2）在得到的最小生成树中，有时会出现个别不确定参数顶点比较靠近离原点最远的明晰参数顶点、并且不确定参数顶点间的距离差别比较大的现象，在这种情况下，有可能使得一个两端都是不确定参数顶点的边的比值 ρ_1 比一个两端分别是明晰参数顶点和不确定参数顶点的边的比值 ρ_2 要大，从而将比值为 ρ_1 的边断开的错误分类结果，图 4.7 所示的空心点本来是不确定参数被错误地判别为明晰参数。

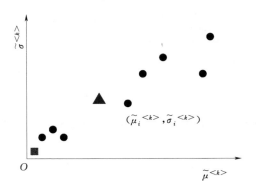

图 4.6　补充两个顶点使得任何情况下
都既有明晰参数又有不确定参数

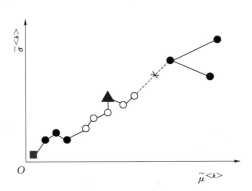

图 4.7　错误的分类结果

问题（2）的解决措施之一是：分别设置阈值 Λ_1 和 Λ_2，其中阈值 Λ_1 设置为一个很小的值（如可以取 0.0～0.01），以确保小于该阈值的顶点一定都是明晰的；阈值 Λ_2 设置为一个很大的值（如可以取 0.5～2.0），以确保大于该阈值的顶点一定都是不确定的。在根据得到的最小生成树进行明晰和不确定判别时，首先将到原点的欧氏距离小于阈值 Λ_1 的顶点明确为明晰参数，将到原点的欧氏距离大于阈值 Λ_2 的顶点明确为不确定参数，然后在最小生成树剩下的部分再通过对比值 ρ 的比较，将该比值最大的边断开，从而将剩下的参数分为明晰和不确定两类，如图 4.8 所示，本来是不确定参数被错误地判别为明晰参数的问题得到了解决。这种解决措施称为"二次分类法（SCA）"。

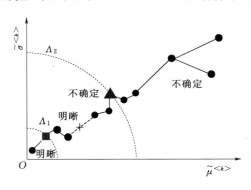

图 4.8　分别设置两个阈值
解决错误判别问题

尽管上述措施仍需要设置阈值 Λ_1 和 Λ_2，但是由于阈值 Λ_1 的设置只需要确保小于该阈值的顶点一定都是明晰的，而不需要保证大于该阈值的顶点一定都是不确定的，因此阈值 Λ_1 的设置非常容易把握。类似地，由于阈值 Λ_2 的设置只需要确保大于该阈值的顶点一定都是不确定的，而不需要保证小于该阈值的顶点一定都是明晰的，因此阈值 Λ_2 的设置也非常容易把握。

为了简便起见，同时也为了便于将对问题（2）的解决措施与对问题（1）的解决措施相结合，一般可取 Λ_1 为 0.001，即认为诊断结果的平均相对误差绝对值和其标准差都小于 0.001 时该参数为明晰参数，并在与原点的距离不小于阈值 Λ_2 的范围内补充加入问题（1）的解决措施所需要的那个代表不确定参数的顶点，一般取该不确定参数的顶点坐标为（Λ_2，Λ_2）。

3. 解决 MSTC 方法存在的问题的措施造成误判的原因

在实践当中发现，采取了上述措施后，明晰与不确定的判别正确率大大提高，但是有时仍发生一些不确定顶点与一些明晰顶点相距比较近，而这些不确定顶点与其他不确定顶点相距比较远的情况，因此造成在阈值 Λ_1 和 Λ_2 之间的那部分参数的明晰与不确定判别错误，如图 4.9 所示，空心点本来是不确定参数被错误地判别为明晰参数。

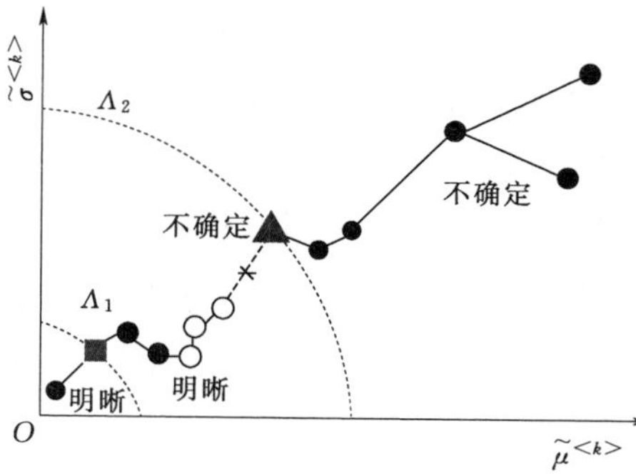

研究发现，这些错误判别问题包括以下原因：

（1）个别样本的明晰参数诊断相对误差绝对值较大、不确定参数诊断相对误差绝对值较小，这是造成误判的主要原因。进一步分析发现，造成上述结果的具体原因如下：

1）进行参数估计的方法未达期望的终止条件，而是由于达到最大迭代次数而退出的，造成参数估计结果不够精确。

图 4.9 即使分别设置两个阈值仍发生了错误判别问题

2）存在参数估计过程中，不确定参数的迭代初值接近其真实值，在进行参数估计过程中，通过很少次数的迭代就能够接近其真实值，从而将其判断为明晰参数。

（2）样本的多样性差，许多样本比较接近，而这些样本又会使某些不确定参数的取值范围变窄。

4. 误判的解决措施

为了进一步提高判别正确率，针对上述问题的解决措施如下：

（1）如果一个样本在进行参数估计时，未达期望的终止条件，而是由于达到最大迭代次数而退出的，则将这组样本删除（即该样本被视为是无效样本），其诊断结果不参加统计，只有达到期望的终止条件而退出的样本才作为有效样本参加统计。

（2）根据样本中各参数的真实值自动调整迭代初值，使得参数迭代初值与真实值之间始终具有一定差别，避免迭代初值与真实值过于接近。

（3）一次生成所有样本，并分别计算两两之间的欧氏距离，对距离较近的样本进行调整，其方法是：将其中任意一个样本中的各个参数的顺序打乱重新随机排列，最终使样本具有丰富的多样性。该措施简称为"相近样本调整法（SSA）"。

4.2.3 基于蒙特卡罗方法的参数可测性估计方法的改进

在采取了 4.2.2 论述的措施后，已经使得基于蒙特卡罗方法的参数可测估计的性能得到极大改善，但是仍存在计算量大、处理时间长的不足，这主要是由于采用的样本数量大造成的。

1. 理想样本自动生成法

减少样本的数量可以显著提高基于蒙特卡罗方法的参数可测分析的速度，但是需要保证这些样本的质量。为了确保这些样本不过于相互接近，并使其处于比参数的最小值 R_0 略高的 k_1R_0 和比参数的最大值 ΨR_0 略小的 k_2R_0 之间，可以采取一些方法直接生成这些样本，生成两个样本的众多可行方法中的一种的步骤如下：

(1) $\Delta K=(k_2-k_1)/N_B$，其中 N_B 为参数个数。

(2) $K_i^{<1>}=k_1+(C_i+0.5)\Delta K$，$K_i^{<2>}=k_2-C_i\Delta K$。其中，$i$ 表示第 i 个参数，$i=1\sim N_B$，C_i 在 $1\sim N_B$ 之间尚未选中的数中任意选取，其选取过程为：

1）清零选中标志，即 $F[1]=F[2]=\cdots=F[N_B]=0$；$i=1$。

2）在 $1\sim N_B$ 之间随机选择一个整数 n。

3）若 $F[n]=0$，则 $C_i=n$，设置 $F[n]=1$，进行 4）；否则，返回 2）。

4）$i=i+1$，若 $i>N_B$，则表示已经处理完毕，退出；否则，返回 2）。

(3) $R_i^{<1>}=R_{0,i}+K_i^{<1>}R_{0,i}$，$R_i^{<2>}=R_{0,i}+K_i^{<2>}R_{0,i}$，$i=1\sim N_B$。

注意：①在步骤（2）中加 0.5 的处理是为了进一步错开两个样本，使得两个样本中的每个值都不同；②上面步骤的实质是，对于第 i 个参数，其第 1 个样本的生成是随机的，而第 2 个样本是与第 1 个样本"相关联"的，第 1 个样本是 $k_1R_0\sim k_2R_0$ 的值域中按照从小到大的顺序排列的第 C_i 个取值再加上 $0.5R_0$，而该参数的第 2 个样本是 $k_1R_0\sim k_2R_0$ 的值域中按照从大到小的顺序排列的第 C_i 个取值。

将基于上述步骤思想生成两个相互错开的样本的过程简称为"理想样本自动生成法（ISAG）"。显然，采取了 ISAG 后，也就相当于进行了 SSA。

2. 生成补充样本法

当然，采用上述步骤的思想，也可以生成更多符合要求（相互之间不过于接近且在 $k_1R_0\sim k_2R_0$ 之间）的样本。第 h 个样本（$h>2$）的生成过程如下：

(1) $\Delta K=(k_2-k_1)/N_B$，$i=1$。

(2) $K_i^{<h>}=k_1+(C_i+0.5)\Delta K$。其中，$C_i$ 在 $1\sim N_B$ 之间尚未选中的数中的任意一个。

(3) $R_i^{<h>}=R_{0,i}+K_i^{<h>}R_{0,i}$。

(4) $i=i+1$，若 $i>N_B$，则表示已经生成一个样本，进行（5）；否则，返回（2）。

(5) 与前 $h-1$ 个样本比较，若没有相近样本，则结束第 h 个样本（$h>2$）的生成过程，退出；若存在相近样本，则进行（6）。

(6) 将该样本中的各个参数电阻的顺序打乱重新随机排列，即进行 SSA，返回（5）。

上述过程简称为"生成补充样本法（CSG）"。

为了加快处理速度，前两个样本采用 ISAG 生成，以后的其他样本可以采用 CSG 生成。

因为用到的样本数比较少，计算平均值和标准差的意义已经不大，因此将前面所述的 $\tilde{\mu}^{<k>}$ 和 $\tilde{\sigma}^{<k>}$ 两个参量分别用 $|\mu|_{\max}$ 和 $|\mu|_{\max}-|\mu|_{\min}$ 替代。

因为用到的样本数比较少，基于蒙特卡罗方法的可测性估计的改进方法的计算量和处理时间可以大大减少。

3. 改进方法的基本步骤

综上所述，将基于蒙特卡罗方法的可测性估计的改进方法的基本步骤总结如下：

（1）设置阈值 Λ_1 和 Λ_2，采用 ISAG 生成前两个样本，$m=1$。

（2）对各个样本，在充分测试方案下（对于本征可测性估计的情形）或根据给定的测试方案（对于测试可测性估计的情形），分别将信号施加在各个激励位置，并根据系统的模型计算各量测位置处的量测值，作为量测数据。

（3）根据得到的量测数据，采用参数估计方法进行故障诊断。如果某个样本未达到期望的终止条件而是由于达到最大迭代次数而退出，则将该样本删除（即该样本是无效样本），按照 CSG 生成补充样本，返回第（2）步；否则进行下一步。

（4）根据各组有效样本的诊断结果，计算各个参数的 $|\mu|_{max}$ 和 $|\mu|_{max} - |\mu|_{min}$。

（5）在 $|\mu|_{max}$ 和 $|\mu|_{max} - |\mu|_{min}$ 构成的二维平面上，采取 AVK 补充明确顶点，并生成将所有顶点都连接的最小生成树。

（6）采用 SCA 和 MSTC 对各个参数的可测性进行判别。

（7）若第 m 轮判断得到的各个参数的可测性与第 $m-1$ 轮判断得到的各个参数的可测性完全相同，则结束可测性估计过程；否则，$m=m+1$，按照 CSG 生成补充样本，返回第（2）步。

4.2.4 可测性估计实例

本小节以接地网故障诊断为例，说明参数可测性估计方法的应用。

变电站的接地网是确保电力系统稳定运行、保障运行人员和设备安全的重要设施。随着使用年限的增加，有些导体会发生锈蚀甚至断裂，破坏了接地网架的原有设计结构，大大降低接地网的性能，对设备和人身安全构成严重的隐患，因此及时发现接地网的缺陷并采取有效措施具有重要意义。

接地网导体在直流电流激励下，其分布电感和分布电容可以被忽略，因此理论上可以将接地网等效为纯电阻网络，支路电阻的增大可以反映其被腐蚀的情况，因此测量接地网支路电阻的方法成为接地网故障诊断的有效方法之一。

但是，接地网都是埋在地下的，一般只能利用露出地面的电气设备接地引下线作为可及节点施加激励并进行量测，经过计算诊断出各条导体的实际电阻。

图 4.10 所示为一个具有 36 个节点 60 条支路的接地网，图中数字表示节点序号，实心圆点表示可及节点。该接地网的可及节点序号为 0、3、5、8、10、12、13、15、17、18、20、21、22、23、24、25、27、29、30、32、33 和 34。

（1）首先采取完备测试方案，即在所有可以注入信号的位置分别注入给定幅值的直流电流信号，分别计算所有可量测位置的电压信号，并将其作为观测数据，建立量测方程。

该接地网的本征可测性估计结果如图 4.11 所示，图中明晰支路用细线和细矩形框表示、不确定支路用粗线和粗矩形框表示。

（2）分别采取 A、B 两种测试方案，见表 4.1 和表 4.2。

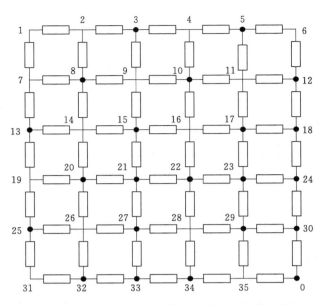

图 4.10 一个具有 36 个节点 60 条支路的接地网

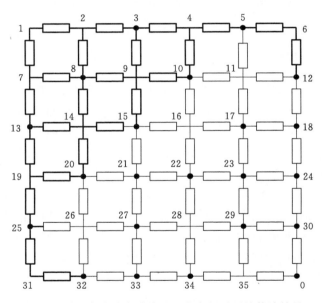

图 4.11 60 条支路实验接地网的本征可测性估计结果

表 4.1 测 试 方 案 A

激励位置	量测位置	激励位置	量测位置
(3, 5)	(3, 5)	(3, 20)	(3, 20)
(3, 8)	(3, 8)	(3, 21)	(3, 21)
(3, 10)	(3, 10)	(3, 22)	(3, 22)
(3, 13)	(3, 13)	(3, 23)	(3, 23)
(3, 15)	(3, 15)	(3, 24)	(3, 24)

激励位置	量测位置	激励位置	量测位置
(5, 10)	(5, 10)	(20, 25)	(20, 25)
(5, 12)	(5, 12)	(20, 27)	(20, 27)
(5, 17)	(5, 17)	(20, 32)	(20, 32)
(8, 10)	(8, 10)	(21, 22)	(21, 22)
(8, 13)	(8, 13)	(21, 27)	(21, 27)
(8, 15)	(8, 15)	(22, 23)	(22, 23)
(8, 20)	(8, 20)	(22, 27)	(22, 27)
(10, 12)	(10, 12)	(22, 29)	(22, 29)
(10, 15)	(10, 15)	(22, 34)	(22, 34)
(10, 17)	(10, 17)	(23, 24)	(23, 24)
(10, 22)	(10, 22)	(23, 29)	(23, 29)
(12, 17)	(12, 17)	(24, 30)	(24, 30)
(12, 18)	(12, 18)	(25, 27)	(25, 27)
(13, 15)	(13, 15)	(25, 32)	(25, 32)
(13, 20)	(13, 20)	(27, 29)	(27, 29)
(13, 25)	(13, 25)	(27, 32)	(27, 32)
(15, 17)	(15, 17)	(27, 33)	(27, 33)
(15, 20)	(15, 20)	(27, 34)	(27, 34)
(15, 21)	(15, 21)	(29, 30)	(29, 30)
(15, 22)	(15, 22)	(29, 34)	(29, 34)
(17, 18)	(17, 18)	(29, 0)	(29, 0)
(17, 22)	(17, 22)	(30, 0)	(30, 0)
(17, 23)	(17, 23)	(32, 33)	(32, 33)
(18, 24)	(18, 24)	(33, 34)	(33, 34)
(20, 21)	(20, 21)	(34, 0)	(34, 0)

表 4.2 测 试 方 案 B

激励位置	量测位置	激励位置	量测位置
(15, 21)	(15, 21)	(21, 22)	(15, 21)
	(20, 21)		(20, 21)
	(21, 22)		(21, 22)
	(21, 27)		(21, 27)
(20, 21)	(15, 21)	(21, 27)	(15, 21)
	(20, 21)		(20, 21)
	(21, 22)		(21, 22)
	(21, 27)		(21, 27)

激励位置	量测位置	激励位置	量测位置
（22，23）	（22，23）	（17，18）	（18，24）
	（17，23）		（12，18）
	（23，24）	（18，24）	（17，18）
	（23，29）		（18，24）
（17，23）	（22，23）		（27，33）
	（17，23）	（27，33）	（32，33）
	（23，24）		（33，34）
	（23，29）		（27，33）
（23，24）	（22，23）	（32，33）	（32，33）
	（17，23）		（33，34）
	（23，24）		（27，33）
	（23，29）	（33，34）	（32，33）
（23，29）	（22，23）		（33，34）
	（17，23）		（24，30）
	（23，24）	（24，30）	（29，30）
	（23，29）		（30，0）
（12，18）	（12，18）		（24，30）
	（17，18）	（29，30）	（29，30）
	（18，24）		（30，0）
（17，18）	（12，18）		（24，30）
	（12，18）	（30，0）	（29，30）
	（17，18）		（30，0）

进行测试可测性估计后得到的各个支路可测性的估计结果见表 4.3。

表 4.3　　　　　　　　支路可测性的估计结果

支路	方案	$\tilde{\mu}$	$\tilde{\sigma}$	测试可测性	支路	方案	$\tilde{\mu}$	$\tilde{\sigma}$	测试可测性	支路	方案	$\tilde{\mu}$	$\tilde{\sigma}$	测试可测性
1-2	A	0.793	0.772	不确定	3-4	A	0.189	0.169	不确定	5-6	A	0.591	0.892	不确定
	B	0.903	0.822	不确定		B	0.713	0.750	不确定		B	0.846	0.867	不确定
1-7	A	1.483	2.257	不确定	3-9	A	0.186	0.131	不确定	5-11	A	3.2×10^{-4}	7.2×10^{-4}	明晰
	B	0.881	0.715	不确定		B	1.080	0.946	不确定		B	1.007	2.039	不确定
2-3	A	0.564	1.199	不确定	4-5	A	0.096	0.123	不确定	6-12	A	0.681	0.806	不确定
	B	0.582	0.237	不确定		B	0.704	0.992	不确定		B	1.037	1.123	不确定
2-8	A	0.528	0.538	不确定	4-10	A	0.189	0.169	不确定	6-8	A	0.647	0.354	不确定
	B	0.756	0.742	不确定		B	1.109	2.384	不确定		B	0.944	1.018	不确定

续表

支路	方案	$\tilde{\mu}$	$\tilde{\sigma}$	测试可测性	支路	方案	$\tilde{\mu}$	$\tilde{\sigma}$	测试可测性	支路	方案	$\tilde{\mu}$	$\tilde{\sigma}$	测试可测性
6-13	A	0.406	0.373	不确定	16-17	A	5.4×10^{-5}	1.0×10^{-4}	明晰	25-26	A	2.9×10^{-5}	8.4×10^{-5}	明晰
	B	1.685	2.133	不确定		B	0.403	0.415	不确定		B	0.952	1.042	不确定
8-9	A	0.166	0.143	不确定	16-22	A	3.6×10^{-5}	4.0×10^{-5}	明晰	25-31	A	0.393	0.357	不确定
	B	1.147	2.489	不确定		B	0.253	0.209	不确定		B	1.693	3.077	不确定
8-14	A	0.187	0.203	不确定	16-18	A	2.6×10^{-6}	5.4×10^{-6}	明晰	26-27	A	9.8×10^{-6}	1.6×10^{-5}	明晰
	B	1.508	2.815	不确定		B	4.2×10^{-6}	5.4×10^{-6}	明晰		B	0.242	0.217	不确定
9-10	A	0.186	0.131	不确定	16-23	A	3.6×10^{-6}	5.6×10^{-6}	明晰	26-32	A	1.9×10^{-5}	6.4×10^{-5}	明晰
	B	1.269	2.332	不确定		B	4.6×10^{-6}	4.7×10^{-6}	明晰		B	0.591	0.819	不确定
9-15	A	0.166	0.143	不确定	18-24	A	4.9×10^{-7}	5.9×10^{-7}	明晰	26-28	A	7.7×10^{-6}	1.8×10^{-5}	明晰
	B	1.000	1.060	不确定		B	3.5×10^{-6}	3.3×10^{-6}	明晰		B	0.165	0.113	不确定
10-11	A	1.9×10^{-4}	3.4×10^{-4}	明晰	19-20	A	0.146	0.123	不确定	26-33	A	4.4×10^{-7}	4.8×10^{-7}	明晰
	B	1.070	1.006	不确定		B	0.625	0.425	不确定		B	9.0×10^{-8}	1.0×10^{-7}	明晰
10-16	A	2.3×10^{-4}	2.7×10^{-4}	明晰	19-25	A	0.151	0.237	不确定	28-29	A	3.5×10^{-5}	1.3×10^{-4}	明晰
	B	0.519	0.466	不确定		B	0.546	0.272	不确定		B	0.237	0.199	不确定
11-12	A	3.0×10^{-4}	6.8×10^{-4}	明晰	20-21	A	1.9×10^{-6}	2.6×10^{-6}	明晰	28-34	A	3.0×10^{-5}	1.1×10^{-4}	明晰
	B	0.388	0.508	不确定		B	4.3×10^{-7}	1.7×10^{-6}	明晰		B	0.267	0.339	不确定
11-17	A	1.9×10^{-4}	3.5×10^{-4}	明晰	20-26	A	4.8×10^{-6}	7.3×10^{-6}	明晰	29-30	A	4.1×10^{-7}	6.4×10^{-7}	明晰
	B	0.406	0.313	不确定		B	0.586	0.936	不确定		B	3.7×10^{-6}	4.5×10^{-6}	明晰
12-18	A	1.7×10^{-6}	4.6×10^{-6}	明晰	21-22	A	2.9×10^{-6}	4.5×10^{-6}	明晰	29-35	A	6.1×10^{-5}	2.4×10^{-4}	明晰
	B	2.3×10^{-6}	4.7×10^{-6}	明晰		B	9.0×10^{-8}	2.0×10^{-7}	明晰		B	0.320	0.234	不确定
13-14	A	0.141	0.101	不确定	21-27	A	3.3×10^{-6}	7.3×10^{-6}	明晰	30-0	A	3.8×10^{-7}	6.3×10^{-7}	明晰
	B	1.539	1.768	不确定		B	2.2×10^{-7}	8.2×10^{-7}	明晰		B	1.2×10^{-6}	1.3×10^{-6}	明晰
13-19	A	0.1457	0.123	不确定	22-23	A	3.9×10^{-6}	7.1×10^{-6}	明晰	31-32	A	0.431	0.588	不确定
	B	0.957	1.680	不确定		B	4.3×10^{-6}	1.1×10^{-5}	明晰		B	1.707	2.211	不确定
14-15	A	0.187	0.203	不确定	22-28	A	6.7×10^{-6}	1.3×10^{-5}	明晰	32-33	A	7.6×10^{-7}	1.5×10^{-6}	明晰
	B	0.580	0.563	不确定		B	0.241	0.185	不确定		B	6.8×10^{-8}	9.5×10^{-8}	明晰
14-20	A	0.141	0.101	不确定	23-24	A	8.1×10^{-7}	1.1×10^{-6}	明晰	33-34	A	1.1×10^{-6}	2.2×10^{-6}	明晰
	B	0.603	0.583	不确定		B	4.5×10^{-6}	3.6×10^{-6}	明晰		B	8.3×10^{-8}	1.6×10^{-7}	明晰
15-16	A	7.0×10^{-5}	9.5×10^{-5}	明晰	23-29	A	1.5×10^{-6}	2.6×10^{-6}	明晰	34-35	A	6.1×10^{-5}	2.4×10^{-4}	明晰
	B	0.322	0.326	不确定		B	3.8×10^{-6}	4.0×10^{-6}	明晰		B	0.444	0.337	不确定
15-21	A	2.7×10^{-6}	3.8×10^{-6}	明晰	24-30	A	2.6×10^{-7}	3.8×10^{-7}	明晰	35-0	A	4.5×10^{-5}	1.4×10^{-4}	明晰
	B	2.8×10^{-7}	9.8×10^{-7}	明晰		B	6.2×10^{-6}	6.7×10^{-6}	明晰		B	0.139	0.115	不确定

由表4.3可见，测试方案A使得36条支路明晰，而测试方案B只能使得17条支路明晰。因此，测试方案A比测试方案B优越，因为测试方案A可以使更多的支路明晰。

与本征可测性估计结果对比，支路 5 - 11、10 - 11、11 - 12、10 - 16、11 - 17、12 - 18、15 - 16、16 - 17、16 - 18、15 - 21、16 - 22、16 - 23、18 - 24、20 - 21、21 - 22、22 - 23、23 - 24、20 - 26、21 - 27、22 - 28、23 - 29、24 - 30、25 - 26、26 - 27、26 - 28、28 - 29、29 - 30、26 - 32、26 - 33、28 - 34、29 - 35、30 - 0、32 - 33、33 - 34、34 - 35 和 35 - 0 这 36 条支路的电阻参数是本征明晰的，其余 24 条支路的电阻参数是本征不确定的。

该接地网的明晰参数占所有待估计参数的比例，即本征可测性为 $E_I = 36/60 = 0.6$，因此该接地网是非完全可量测系统。

在测试方案 A 下，该接地网的明晰参数占所有待估计参数的比例，即测试可测性为 $E_T = 36/60 = 0.6 = E_I$，因此测试方案 A 是完备测试方案。

在测试方案 B 下，该接地网的明晰参数占所有待估计参数的比例，即测试可测性为 $E_T = 17/60 = 0.283 < E_I$，因此测试方案 B 是非完备测试方案。

（3）图 4.12 反映了几种仅仅依据阈值进行判别的方法的正确率与样本个数的关系，阈值 $\Lambda = 0.01$。

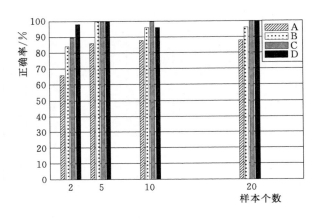

图 4.12 基本方法的正确率与样本个数的关系

（注：A 为不采取任何改进措施的情形；B 为在 $2R_0 \sim \psi R_0$ 之间随机生成样本的情形；C 为在 $R_0 \sim 30R_0$ 之间随机生成样本的情形；D 为在 $2R_0 \sim 30R_0$ 之间随机生成样本的情形。）

由图 4.12 可见，仅仅依据阈值进行判别的方法需要相当多的样本才能得到比较高的判别正确率，并且使样本中支路电阻的取值远离 R_0 和 ψR_0 的处理措施是有效的。

图 4.13 反映了在采取 SSA 措施后上述几种仅仅依据阈值进行判别的方法的正确率与样本个数的关系，阈值 $\Lambda = 0.01$。

对比图 4.12 和图 4.13 可见，尽管仅仅依据阈值进行判别的方法仍然需要相当多的样本才能得到比较高的判别正确率，但是 SSA 的处理措施是有效的。

图 4.14 反映了采用基于蒙特卡罗方法的参数可测性估计的改进方法，但未采取 ISAG 和 SSA 措施进行判别得到的结果的正确率与样本个数的关系，阈值 $\Lambda_1 = 0.001$，$\Lambda_2 = 1.0$。图 4.15 反映了采用基于蒙特卡罗方法的参数可测性分析的改进方法、并采取了 ISAG 措施进行判别得到的结果的正确率与样本个数的关系，阈值 $\Lambda_1 = 0.001$，$\Lambda_2 = 1.0$。

由图 4.14 和图 4.15 可见，基于蒙特卡罗方法的测试可测性分析的改进方法具有更高的判别正确率，并且采取 ISAG 措施后只需要两个样本就可以达到 100% 的判别正确率，

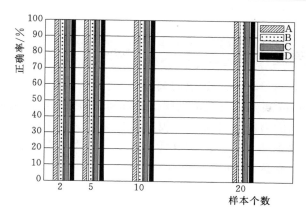

图 4.13　采取 SSA 后的基本方法的正确率与样本个数的关系

（注：A 为不采取任何改进措施的情形；B 为在 $2R_0 \sim \psi R_0$ 之间随机生成样本的情形；C 为在 $R_0 \sim 30R_0$ 之间随机生成样本的情形；D 为在 $2R_0 \sim 30R_0$ 之间随机生成样本的情形。）

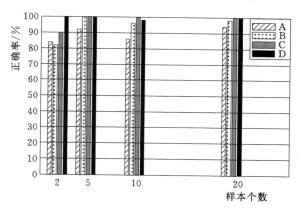

图 4.14　未采取 ISAG 和 SSA 措施的改进方法的正确率与样本数的关系

（注：A 为不采取任何改进措施的情形；B 为在 $2R_0 \sim \psi R_0$ 之间随机生成样本的情形；C 为在 $R_0 \sim 30R_0$ 之间随机生成样本的情形；D 为在 $2R_0 \sim 30R_0$ 之间随机生成样本的情形。）

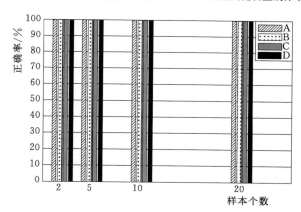

图 4.15　采取 ISAG 措施的改进方法的正确率与样本数的关系

（注：A 为不采取任何改进措施的情形；B 为在 $2R_0 \sim \psi R_0$ 之间随机生成样本的情形；C 为在 $R_0 \sim 30R_0$ 之间随机生成样本的情形；D 为在 $2R_0 \sim 30R_0$ 之间随机生成样本的情形。）

表明 ISAG 措施的必要性。

图 4.16 反映了上述几种仅仅依据阈值进行判别的方法的正确率与阈值 Λ 选取的关系，样本个数为 20。图 4.17 反映了采用基于蒙特卡罗方法的参数可测性估计的改进方法进行判别得到的结果的正确率与阈值 Λ_2 选取的关系。

由图 4.16 和图 4.17 可见，仅仅依据阈值进行判别的方法的判别正确率与阈值 Λ 的选取有关，必须选取恰当的阈值 Λ 才能得到较高的正确率（本例中当阈值为 0.02 时，正确率为 100%），而基于蒙特卡罗方法的参数可测性估计的改进方法的判别正确率与阈值 Λ_2 的选取关系不大，很容易达到 100% 的判别正确率。

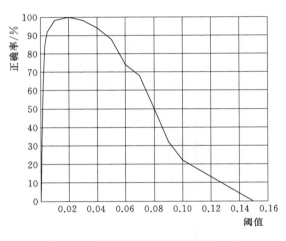 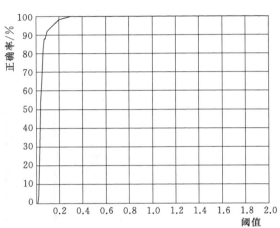

图 4.16 依据阈值进行判别的方法的　　　　图 4.17 依据改进方法进行判别得到的
正确率与阈值 Λ 选取的关系　　　　　　结果的正确率与阈值 Λ_2 选取的关系

表 4.4 给出了在使用 2 个样本的情况下，阈值选择恰当的基于蒙特卡罗方法的参数可测性估计基本方法和基于蒙特卡罗方法的参数可测性估计的改进方法的性能比较。

表 4.4　　　　　　　　在 2 个样本情况下基本蒙特卡罗方法和改进方法的性能比较

支路电阻约束范围/Ω	样本支路电阻范围/Ω	迭代初值	保证样本之间有间隔[②]	正确率/%	
				基本方法 $\Lambda=0.01$	改进方法 $\Lambda_2=1.0$
0.1～4.0	0.1～4.0	不处理	否	66	84
0.1～4.0	0.1～4.0	$+/-1.9$[①]	是	100	100
0.1～4.0	0.2～4.0	不处理	否	86	92
0.1～4.0	0.2～4.0	$+/-1.9$	是	100	100
0.1～4.0	0.1～3.0	不处理	否	88	86
0.1～4.0	0.1～3.0	$+/-1.9$	是	100	100
0.1～4.0	0.2～3.0	不处理	否	88	94
0.1～4.0	0.2～3.0	$+/-1.9$	是	100	100

① "$+/-1.9$"处理的含义是：若随机生成的迭代初值过于接近支路电阻设置的真实值则在其上加上 1.9Ω（支路电阻设置的真实值小于 2Ω 时）或减去 1.9Ω（支路电阻设置的真实值大于 2Ω 时）。

② 采取 ISAG 及 CSG 措施或 SSA 措施。

由表 4.4 可以得到以下结论：

1）对迭代初值进行调整处理使之远离支路电阻的真实值很有效果也很有必要。

2）保证样本间有足够的间隔的措施不仅可以提高判别正确率，还有助于减少判别处理时间。

3）使样本中支路电阻的取值远离支路电阻的约束上限或下限都有助于提高判别正确率和减少判别处理时间，而同时远离约束上下限则可得到非常高的判别正确率（本例达到 100%），并且进一步减少判别处理时间。

4）在阈值选择恰当的情况下，基于蒙特卡罗方法的参数可测性估计基本方法能够如同其改进方法一样获得很高的判别正确率（本例达到 100%），但是前者的阈值选取不容易掌握，而后者的阈值很容易选取。

4.3 不确定参数估计

虽然不确定参数的取值不能唯一确定，但是也可以根据所获得的非充分信息对其进行挖掘，得到一些有参考价值的结果。

4.3.1 不确定参数的取值范围估计

根据所获得的非充分信息可以对不确定参数的可能取值范围进行估计，主要技术路线为：将系统中明晰参数的取值固定，以某一个不确定参数以外的其他不确定参数为变量，根据系统模型计算各个量测量估计值，根据计算出的估计量测向量和测试到的量测向量是否贴近来判断该不确定参数的某个值是否成立，这样就可以求取该不确定参数的可能取值范围。

求不确定参数 R_i 的最大可能解 $R_{i,\max}$ 和最小可能解 $R_{i,\min}$ 的问题可以转化为以参数 R_i 的取值最大和最小为目标函数，以量测数据为约束条件的最优化问题。

根据实际情况和工程经验，可以将参数 R_i 的取值范围定义为：$R_i \in [R_{i,0}, \psi R_{i,0}]$。

基于上述思想，可以采用二分搜索法实现不确定参数可能取值范围的求解。求取不确定参数 R_i 的最大可能解 $\hat{R}_{i,\max}$ 的主要步骤如下：

（1）$k=0$，$(R_i)^{<k>}=R_i^*$，$R_{dn}=(R_i)^{<k>}$，$R_{up}=\psi R_{i,0}$；其中，R_i^* 为根据系统模型和量测数据，采用参数辨识法（如最小二乘法）估计出的参数 R_i 的最优解。

（2）$k=k+1$，$(R_i)^{<k>}=0.5(R_{up}+R_{dn})$。

（3）在 $(R_i)^{<k>}$ 给定的条件下，将所有明晰参数的取值分别固定为其最优解，即

$$(R_m)^{<k>} \equiv R_m^* (若 m \notin \boldsymbol{\beta}) \tag{4.9}$$

$$\Delta(R_m)^{<k>} \equiv 0 (若 m \notin \boldsymbol{\beta}) \tag{4.10}$$

式中：$\boldsymbol{\beta}$ 为不确定参数的集合。

采用参数辨识法（如最小二乘法）求出除了不确定参数 R_i 以外的不确定参数的最优解 $(\boldsymbol{R}_C)^{<k>}$，$(\boldsymbol{R}_C)^{<k>}$ 与 $(R_i)^{<k>}$ 构成各个不确定参数的第 k 次迭代结果 $(\boldsymbol{R}_n)^{<k>}$（其中 $n \in \boldsymbol{\beta}$）。

（4）根据 $(\boldsymbol{R}_n)^{<k>}$ 结合系统模型计算估计量测向量 $\boldsymbol{V}^{<k>}$，给定收敛精度 ε，判断估计量测向量 $\boldsymbol{V}^{<k>}$ 和实际量测向量 $\boldsymbol{V}_T$ 之间的约束条件

$$\|\boldsymbol{V}_T - \boldsymbol{V}^{<k>}\| < \varepsilon \tag{4.11}$$

是否满足，若满足，则 $R_{dn}=(R_i)^{<k>}$，进行（5）；否则进行（6）。

（5）判断 $[(R_i)^{<k>}-(R_i)^{<k-1>}]^2<\tau$ 是否成立（其中 τ 是一个反映收敛精度要求的正数），若成立，则该支路电阻最大可能解 $\hat{R}_{i,\max}=(R_i)^{<k>}$，退出；否则返回（2）。

（6）令 $R_{up}=(R_i)^{<k>}$，返回（2）。

不确定参数 R_i 的最小可能解 $\hat{R}_{i,\min}$ 反映该参数可能出现的最小值，求解思路与求最大可能解类似，这里不再赘述。

分别求出了不确定参数的最大可能解和最小可能解，就确定了不确定参数 R_i 的取值范围为 $\hat{R}_i\in[\hat{R}_{i,\min},\hat{R}_{i,\max}]$。

4.3.2　不确定参数的取值概率分布估计

尽管通过 4.4.1 讲述的方法可以获得各个不确定参数的可能取值范围，但对于可能取值范围较宽的参数，参考价值依然较小，对不确定参数在可能取值范围内的概率分布进行估计，则有助于客观地利用估计结果。

对于不确定参数可能取值范围内概率分布的估计，可以将每个不确定参数的可能取值范围离散化，对所有可能组合空间进行遍历，以量测数据为约束条件检验各种组合的可行性，根据在各个空间可行解的个数（即"几率"）就可以得到其概率分布。

对于一个具有 B 个不确定参数的系统，分别将各个不确定参数在其取值范围内分成 $N_1\sim N_B$ 段，开辟各个不确定参数可行解个数计数器向量，比如，对于不确定参数 $\boldsymbol{T}_i$ 有 $\boldsymbol{T}_i=[T_{i,1}, T_{i,2}, \cdots, T_{i,NB}]^{\mathrm{T}}$，其中，$T_{i,m}$ 为支路 i 第 m 段可行解个数计数器。

建立各个不确定参数概率存储器向量，比如，对于不确定参数 $\boldsymbol{p}_i$ 有 $\boldsymbol{p}_i=[p_{i,1}, p_{i,2}, \cdots, p_{i,NB}]^{\mathrm{T}}$，其中，$p_{i,m}$ 为支路不确定参数 i 第 m 段概率存储器。

用 n 表示不确定参数各段内进一步细分的段数，不确定参数可能取值概率分布的估计步骤为：

（1）$k=1$，$\boldsymbol{p}_i^{<k>}=\boldsymbol{0}$（$i=1, \cdots, B$），$n^{<k>}=1$。

（2）分别将各个不确定参数的每一段细分成 $n^{<k>}$ 小段，相互组合构成 $\prod\limits_{i=1}^{B} n^{<k>} N_i$ 组试探空间。

（3）采用参数辨识法（如最小二乘法）分别对各个试探空间进行参数估计，统计各个不确定参数在每一段中拥有的可行解的个数，分别将结果填入 $\boldsymbol{T}=[T_1, T_2, \cdots, T_B]^{\mathrm{T}}$。

（4）分别统计各个不确定参数各段中可行解的几率，并将其作为各段概率存入各段概率存储器中，比如，对于支路 i 的第 m 段，有

$$p_{i,m}^{<k>}=\frac{T_{i,m}^{<k>}}{\sum\limits_{j=1}^{N_i} T_{i,j}^{<k>}} \tag{4.12}$$

（5）判断

$$\sum_{i=1}^{B}\sum_{j=1}^{N_j}(p_{i,j}^{<k>}-p_{i,j}^{<k-1>})^2<\varepsilon \tag{4.13}$$

是否成立，若成立，则 $\boldsymbol{p}^{<k>}=[\boldsymbol{p}_1^{<k>}, \boldsymbol{p}_2^{<k>}, \cdots, \boldsymbol{p}_B^{<k>}]^{\mathrm{T}}$ 反映各条支路电阻的概率分布；否则，$n^{<k+1>}=n^{<k>}+1$，$k=k+1$，返回（2）。

为了减少计算量，定义 $\dfrac{\hat{R}_{i,\max}-\hat{R}_{i,\min}}{\hat{R}_{i,\max}+\hat{R}_{i,\min}}<e\%$（$e\%$ 可以根据实际需要设置）的不确定参数为**准明晰参数**，由于其可能取值范围较窄，而不必计算其概率分布。

4.3.3　实例分析

仍以图 4.11 所示的 60 支路接地网腐蚀故障诊断为例，对不确定参数的取值范围及其概率分布估计进行说明，采用表 4.5 所示的充分测试方案进行激励与量测，激励源注入的恒定电流为 20A，量测数据见表 4.6。根据量测数据建立节点电压方程，并采用迭代最小二乘法对该接地网各条支路的直流电阻进行参数辨识，以反映其腐蚀的程度。

表 4.5　　　　　　　　**60 支路实验接地网腐蚀故障诊断测试方案**

测试序号	激励节点（+，−）	量测节点（+，−）	测试序号	激励节点（+，−）	量测节点（+，−）
1	(3, 5)	(8, 12) (13, 12) (15, 12)	29	(18, 24)	(12, 30) (12, 23) (17, 30)
2	(3, 8)	(5, 13) (5, 15) (5, 20)	30	(20, 21)	(25, 27) (13, 27) (8, 27)
3	(3, 10)	(8, 17) (13, 17) (13, 12)	31	(20, 25)	(8, 32) (15, 32) (13, 32)
4	(3, 13)	(5, 20) (5, 25) (5, 8)	32	(20, 27)	(13, 21) (25, 21) (8, 22)
5	(3, 15)	(5, 8) (5, 20) (5, 21)	33	(20, 32)	(8, 33) (13, 33) (15, 33)
6	(5, 10)	(3, 22) (3, 17) (3, 15)	34	(21, 22)	(23, 27) (29, 27) (34, 27)
7	(5, 12)	(3, 17) (3, 10) (3, 18)	35	(21, 27)	(15, 33) (15, 32) (15, 25)
8	(5, 17)	(3, 18) (3, 22) (3, 23)	36	(22, 23)	(27, 29) (21, 29) (21, 24)
9	(8, 10)	(12, 13) (17, 13) (5, 13)	37	(22, 27)	(21, 23) (21, 29) (23, 25)
10	(8, 13)	(15, 20) (15, 25) (10, 20)	38	(22, 29)	(21, 30) (27, 30) (15, 30)
11	(8, 15)	(13, 17) (13, 21) (13, 22)	39	(22, 34)	(23, 36) (10, 0) (17, 0)
12	(8, 20)	(3, 25) (15, 25) (3, 32)	40	(23, 24)	(17, 30) (22, 30) (22, 18)
13	(10, 12)	(15, 18) (8, 18) (3, 18)	41	(23, 29)	(22, 30) (22, 0) (17, 30)
14	(10, 15)	(13, 12) (8, 12) (8, 17)	42	(24, 30)	(23, 0) (18, 0) (18, 29)
15	(10, 17)	(3, 18) (3, 23) (8, 18)	43	(25, 27)	(21, 32) (22, 32) (20, 21)
16	(10, 22)	(5, 34) (5, 23) (12, 23)	44	(25, 32)	(20, 33) (13, 33) (27, 33)
17	(12, 17)	(22, 18) (23, 18) (15, 18)	45	(27, 29)	(21, 23) (21, 30) (25, 30)
18	(12, 18)	(5, 24) (10, 24) (17, 24)	46	(27, 32)	(22, 25) (21, 25) (21, 33)
19	(13, 15)	(17, 25) (17, 20) (10, 20)	47	(27, 33)	(21, 32) (21, 34) (22, 32)
20	(13, 20)	(8, 32) (8, 25) (3, 25)	48	(27, 34)	(21, 36) (21, 29) (20, 0)
21	(13, 25)	(8, 32) (3, 32) (15, 32)	49	(29, 30)	(22, 24) (34, 24) (23, 24)
22	(15, 17)	(8, 12) (8, 18) (12, 13)	50	(29, 34)	(23, 33) (30, 33) (30, 0)
23	(15, 20)	(8, 32) (8, 25) (3, 25)	51	(29, 0)	(30, 34) (23, 34) (22, 34)
24	(15, 21)	(8, 27) (13, 27) (3, 27)	52	(30, 0)	(24, 34) (29, 34) (29, 24)
25	(15, 22)	(13, 23) (8, 23) (8, 29)	53	(32, 33)	(25, 27) (25, 34) (20, 34)
26	(17, 18)	(10, 24) (15, 24) (5, 24)	54	(33, 34)	(32, 0) (32, 22) (32, 29)
27	(17, 22)	(12, 34) (12, 23) (10, 34)	55	(34, 0)	(33, 29) (33, 30) (27, 30)
28	(17, 23)	(10, 29) (5, 29) (12, 29)			

表 4.6 　　　　　　　　60 支路实验接地网的实际量测电压

测试序号	量测电压/V	测试序号	量测电压/V	测试序号	量测电压/V	测试序号	量测电压/V	测试序号	量测电压/V
	1398.0		1023.0		426.0		−610.0		1079.0
1	1256.0	12	558.0	23	511.0	34	−563.0	45	1533.0
	1044.0		971.0		656.0		−483.0		1027.0
	964.0		419.0		1013.0		153.0		1334.0
2	674.0	13	543.0	24	1023.0	35	120.0	46	1709.0
	820.0		759.0		916.0		109.0		1095.0
	736.0		−1280.0		716.0		516.0		1128.0
3	628.0	14	−1101.0	25	694.0	36	560.0	47	1426.0
	807.0		−631.0		651.0		602.0		696.0
	1033.0		1204.0		182.0		−566.0		1286.0
4	967.0	15	1052.0	26	195.0	37	−478.0	48	1130.0
	822.0		801.0		176.0		343.0		705.0
	320.0		1370.0		764.0		1070.0		225.0
5	784.0	16	1287.0	27	534.0	38	985.0	49	152.0
	876.0		1048.0		525.0		990.0		246.0
	−297.0		53.0		536.0		613.0		821.0
6	−462.0	17	−21.0	28	627.0	39	661.0	50	886.0
	−206.0		154.0		667.0		626.0		168.0
	253.0		956.0		985.0		331.0		−109.0
7	−59.0	18	811.0	29	562.0	40	451.0	51	247.0
	291.0		143.0		980.0		321.0		194.0
	735.0		−279.0		1373.0		578.0		254.0
8	571.0	19	−336.0	30	1202.0	41	563.0	52	168.0
	679.0		−207.0		1125.0		654.0		−86.0
	−1685.0		785.0		670.0		627.0		822.0
9	−1319.0	20	822.0	31	623.0	42	920.0	53	1379.0
	−1830.0		678.0		680.0		709.0		1108.0
	68.0		1454.0		1230.0		−1698.0		500.0
10	57.0	21	1254.0	32	1325.0	43	−1336.0	54	339.0
	247.0		1085.0		796.0		1373.0		466.0
	509.0		1234.0		703.0		356.0		752.0
11	655.0	22	1445.0	33	728.0	44	318.0	55	1029.0
	674.0		−1315.0		623.0		209.0		678.0

　　根据 4.3.1 所述不确定参数可能取值范围的估计方法，得到的 24 条直流电阻参数不确定支路的取值范围的估计结果见表 4.7。

表 4.7 不确定参数取值范围的估计结果

支路号	实际值/mΩ	最优解/mΩ	R_{min}/mΩ	R_{max}/mΩ	支路号	实际值/mΩ	最优解/mΩ	R_{min}/mΩ	R_{max}/mΩ
$R_{(1,2)}$	50	52.3	50.0	672.8	$R_{(8,9)}$	520	562.9	389.3	1027.1
$R_{(1,7)}$	50	52.3	50.0	673.7	$R_{(8,14)}$	90	89.7	70.2	92.7
$R_{(2,3)}$	140	135.8	50.0	157.2	$R_{(9,10)}$	520	505.6	416.5	722.7
$R_{(2,8)}$	50	50.0	50.0	207.5	$R_{(9,15)}$	520	520.8	481.6	562.3
$R_{(3,4)}$	140	140.6	127.5	151.0	$R_{(13,14)}$	50	50.3	50.0	67.0
$R_{(3,9)}$	50	50.2	50.0	73.5	$R_{(13,19)}$	310	306.6	289.3	491.0
$R_{(4,5)}$	50	50.0	50.0	53.3	$R_{(14,15)}$	50	50.0	50.0	51.0
$R_{(4,10)}$	50	50.0	50.0	56.2	$R_{(14,20)}$	50	50.1	50.0	50.7
$R_{(5,6)}$	50	50.1	50.0	50.4	$R_{(19,20)}$	50	50.1	50.0	98.1
$R_{(6,12)}$	50	50.1	50.0	50.4	$R_{(19,25)}$	420	428.8	337.1	764.3
$R_{(7,8)}$	50	50.0	50.0	70.7	$R_{(25,31)}$	50	93.7	50.0	158.7
$R_{(7,13)}$	50	50.0	50.0	76.2	$R_{(31,32)}$	140	93.7	50.0	158.7

对于直流电阻参数不确定支路的估计结果，所有不确定参数的实际值和最优解都包含在可能取值范围之内，表明结果可信。尽管直流电阻参数不确定支路的最优解不能代表支路的实际腐蚀状态，但通过不确定支路电阻的可能取值范围，可以为其腐蚀故障程度提供有效参考。

根据表 4.7 中 60 支路接地网的直流电阻参数不确定支路的估计结果，对不确定参数进行概率分布估计，限于篇幅，图 4.18 和图 4.19 仅展示了不确定参数 $R_{(2,8)}$ 和 $R_{(8,9)}$ 在其直流电阻可能取值范围内的概率分布。

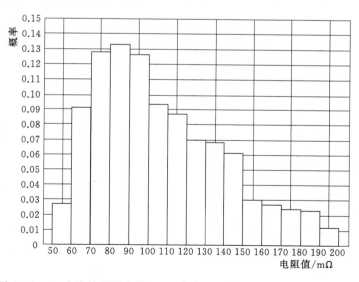

图 4.18　60 支路接地网支路 $R_{(2,8)}$ 直流电阻参数估计结果的概率分布

由上述直流电阻参数不确定支路取值范围内的概率分布估计结果可知，对于可能取值范围较宽的参数不确定支路，其概率分布为利用不确定支路诊断结果提供了更多的参考信息。

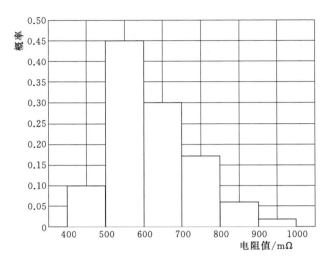

图 4.19 60 支路接地网支路 $R_{(8,9)}$ 直流电阻参数估计结果的概率分布

例如参数不确定支路 $R_{(2,8)}$，其可能取值范围为其设计值的 1~4.15 倍，该支路基本正常、轻微腐蚀和中度腐蚀三种故障皆有可能发生，但概率最大的诊断区间为设计值的 1.4~2 倍，属于发生轻微腐蚀故障的参数范围，因此基本不需要开挖维护。

4.4 非充分信息条件下的模式估计

在工程应用当中，经常会遇到模式估计问题。与参数估计不同，模式估计是指估计对象是只有有限个模式的离散量，而参数估计的对象则一般是连续量。比如，故障定位问题、离散调节器的档位估计问题等都是典型的模式估计问题。

由于估计对象是只有有限个模式的离散量，非充分信息条件下的模式估计可以采用贝叶斯方法。

4.4.1 基本原理

（1）**模式可确定的对象**。当观测信息充足时，所需估计的某个对象的模式可以唯一确定，称该对象为模式可确定的对象，称使某个对象成为模式可确定的对象的观测信息对于该对象的模式估计是完备的。

（2）**模式可确定的系统**。若一个系统的所有待估计对象的模式都是可以唯一确定的，则称该系统为模式可确定的系统，称相应的观测信息对于该系统的模式估计是完备的。

（3）**最少完备观测信息**。称观测信息最少的完备观测信息为最少完备观测信息。

（4）**模式不可确定的对象**。所估计的某个对象的模式若不能唯一确定，称该对象为模式不可确定的对象。

（5）**模式不可确定的系统**。若一个系统的所有待估计对象中至少有一个对象的模式是不可唯一确定的，则称该系统为模式不可确定的系统。

在实际当中，观测信息往往由于信息漏报、传输不够及时以及传输差错等因素而不够充分，但是对于一个客观对象或系统，由于信息间存在相互关联和约束，所以在许多非充分信息条件下，仍然能够成为模式可确定的对象或系统。因此，非充分信息并不一定就是非完备信息。

非完备信息往往表现为关键信息缺失、信息误报、信息错报等，但是即使在非完备信息条件下，仍然能够提供有价值的模式估计结果，采用贝叶斯法就是实现对于非完备信息条件下的模式估计的重要手段之一。

4.4.1.1 离散观测信息的情形

所采集到的离散观测信息可分为以下几种情形：

（1）收到离散观测信息，并且正确。

（2）收到离散观测信息，但属于错报。

（3）没有收到离散观测信息，但因事先规定其不必报送，观测信息取规定默认值即可，因此正确。

（4）没有收到离散观测信息，但属于漏报。

针对以上 4 种情形，应区分对待。

1. 0－1 观测信息

在离散观测信息中，0－1 观测信息是比较常见的，比如，发生故障时，有的采集装置收到故障告警（即"1"信息），有的采集装置没有收到故障告警（即"0"信息），在完备信息条件下，根据收到的 0－1 观测信息就能确定对象的模式，而在非完备信息条件下，则需要采用贝叶斯法进行估计，具体方法为：若收到了第 i 个观测信息，假设其正确的概率是 $p_{c1,i}$，错报的概率是 $p_{M,i}$，则有

$$p_{c1,i} = 1 - p_{M,i} \tag{4.14}$$

一般情况下，正确的概率 $p_{c1,i}$ 是个大值，错报的概率 $p_{M,i}$ 是个小值。

假设事先规定观测信息为 0 时其不必报送，若未收到第 i 个观测信息，则相应的观测信息设置为 0，假设其应该为 1 但是漏报的概率是 $p_{L,i}$，正确为 0 的概率是 $p_{c2,i}$，则有

$$p_{c2,i} = 1 - p_{L,i} \tag{4.15}$$

此时，正确的概率 $p_{c2,i}$ 一般是个大值，漏报的概率 $p_{L,i}$ 一般是个小值。

假设没有事先规定观测信息为 0 时不必报送，若未收到第 i 个观测信息，则相应的观测信息取其当前未刷新的值，其漏报的概率 $p_{L,i}$ 和正确的概率 $p_{c2,i}$ 的关系为

$$p_{c2,i} = p_{L,i} = 0.5 \tag{4.16}$$

在实际应用中，错报的概率 $p_{M,i}$ 和漏报的概率 $p_{L,i}$ 一般可以采取统计的方法获得，从而可以分别得出收到信息和没有收到信息两种情况下正确的概率 $p_{c1,i}$ 和 $p_{c2,i}$。

假设对于某个对象，事先规定观测信息为 0 时其不必报送，而相应的观测信息设置为 0，假设它处于第 k 个模式时应收到的最少完备信息集合为 $\boldsymbol{D}_k = [d_{k,1}, d_{k,2}, \cdots, d_{k,m}]$，其中 $d_{k,i}$ 为其第 i 个观测信息的状态，m 为最少完备信息的个数。

假设对于该对象，它处于第 k 个模式时实际收到的最少完备信息集合为 $\boldsymbol{G}_k = [g_{k,1}, g_{k,2}, \cdots, g_{k,m}]$，则该对象符合处于第 k 个模式的概率 $p(E_k)$ 为

$$p(E_k) = p(G_k | E_k) = \prod_{i \in \boldsymbol{\Omega}} p_{c1,i} \prod_{j \in \boldsymbol{\Lambda}} p_{c2,j} \prod_{h \in \boldsymbol{\Pi}} p_{M,h} \prod_{l \in \boldsymbol{\Gamma}} p_{L,l} \tag{4.17}$$

式中：$\boldsymbol{\Omega}$ 为收到观测信息且 $g_{k,i} = d_{k,i}$ 对应的观测信息的集合；$\boldsymbol{\Lambda}$ 为未收到观测信息且 $g_{k,$

$=d_{k,i}$ 对应的观测信息的集合；$\boldsymbol{\varPi}$ 为收到观测信息但 $g_{k,i} \neq d_{k,i}$ 对应的观测信息的集合；$\boldsymbol{\varGamma}$ 为未收到观测信息但 $g_{k,i} \neq d_{k,i}$ 对应的观测信息的集合。

假设该对象总共具有 K 个模式，则该对象处于第 k 个模式的可能性 $P(E_k)$ 为

$$P(E_k) = \frac{p(E_k)}{\sum\limits_{i=1}^{K} p(E_i)} \tag{4.18}$$

此时，可能有以下几种情形：

（1）该对象处于 k 个模式的可能性显著大于处于其他模式的可能性，则可认为该对象很有可能处于 k 个模式。

（2）该对象处于若干个模式的可能性相差不大，但是显著高于处于其他模式的可能性，则可认为该对象处于相应若干模式的可能性都存在。

（3）该对象处于各个模式的可能性都相差不大，则不能得出有指导意义的判断结论。

2. 多值离散观测信息的情形

多值离散观测信息的情形是指各个观测信息呈现多个离散状态的情形，0 - 1 观测信息也可以看做是多值离散观测信息的一种，即二值离散观测信息的情形。

非 0 - 1 观测信息的多值离散观测信息的情形一般都必须上报观测信息而不允许约定不上报的条件。

假设在某种状态下第 i 个观测信息错误概率是 $p_{M,i}$（一般可以根据统计得出），正确的概率是 $p_{c,i}$，则有

$$p_{c,i} = 1 - p_{M,i} \tag{4.19}$$

对于没有收到第 i 个观测信息的情形，应该属于漏报，则

$$p_{c,i} = p_{M,i} = 0.5 \tag{4.20}$$

假设对于某个对象，它处于第 k 个模式时应收到的最少完备信息集合为 $\boldsymbol{D}_k = [d_{k,1}, d_{k,2}, \cdots, d_{k,m}]$，其中 $d_{k,i}$ 为其第 i 个观测信息的状态，m 为最少完备信息的个数，该对象实际收到的最少完备信息集合为 $\boldsymbol{G}_{j,k} = [g_{k,1}, g_{k,2}, \cdots, g_{k,m}]$，则该对象符合处于第 k 个模式的现象的概率 $p(E_k)$ 为

$$p(E_k) = p(G_k | E_k) = \prod_{i \in \boldsymbol{\varOmega}} p_{c,i} \prod_{h \in \boldsymbol{\varPi}} p_{M,h} \tag{4.21}$$

式中：$\boldsymbol{\varOmega}$ 和 $\boldsymbol{\varPi}$ 分别为实测信息与应收信息对应的观测信息的集合和实测信息与应收信息不对应的观测信息的集合。

假设该对象总共具有 K 个模式，则该对象处于第 k 个模式的可能性 $P(E_k)$ 仍符合式（4.17）。

4.4.1.2　连续观测信息的情形

对于连续观测信息的情形，可以进行离散化处理，从而可以采取与离散观测信息相同的贝叶斯方法实现非完备信息条件下的模式估计。

例如，假设对于某个对象，其最少完备信息有 m 个，当其处于第 k 个模式时，第 i 个信息 $d_{k,i}$ 的取值范围应该为 $[d_{k,i,\min}, d_{k,i,\max}]$，而实际收到的第 i 个信息为 $g_{k,i}$，假设信息错误的概率为 $p_{M,i}$（可以通过统计确定），则信息正确的概率 $p_{c,i} = 1 - p_{M,i}$，对于没有收到第 i 个观测信息的情形，应该属于漏报，$p_{c,i} = p_{M,i} = 0.5$。

则该对象符合处于第 k 个模式的现象的概率 $p(E_k)$ 为

$$p(E_k) = p(G_k|E_k) = \prod_{i \in \boldsymbol{\Omega}} p_{c,i} \prod_{h \in \boldsymbol{\Pi}} p_{M,h} \tag{4.22}$$

式中：$\boldsymbol{\Omega}$ 为 $g_{k,i} \in [(1-\alpha\%)d_{k,i,\min}, (1+\alpha\%)d_{k,i,\max}]$ 对应的观测信息的集合；$\boldsymbol{\Pi}$ 为 $g_{k,i} \notin [(1-\alpha\%)d_{k,i,\min}, (1+\alpha\%)d_{k,i,\max}]$ 对应的观测信息的集合。$\alpha\%$ 是考虑到观测误差而设置的，一般可取 $1\% \sim 3\%$，特殊情况下也可取更小取值（如当该对象的各个模式所对应的观测信息取值范围相距较近时），或更大（如当该对象的各个模式所对应的观测信息取值范围相距较远且观测误差较大时）。

假设该对象总共具有 K 个模式，则该对象处于第 k 个模式的可能性 $P(E_k)$ 仍符合式（4.17）。

4.4.1.3 混合观测信息的情形

对于既具有离散观测信息又具有连续观测信息的情形，可以分别按照上述离散观测信息和连续观测信息的方法处理，然后再进行综合。

例如，假设对于某个对象，其最少完备信息有 m 个，其中 m_1 个为离散观测信息，$m_2 = m - m_1$ 个为连续观测信息，则该对象符合处于第 k 个模式的现象的概率 $p(E_k)$ 为

$$p(E_k) = p(G_k|E_k) = p(G_k|E_{m1,k})p(G_k|E_{m2,k}) \tag{4.23}$$

式中：$p(G_k|E_{m1,k})$、$p(G_k|E_{m2,k})$ 分别为该对象处于第 k 个模式的推断下 m_1 个离散观测信息的实测信息与应收信息相符合的概率［计算方法见式（4.21）］和 m_2 个连续观测信息的实测信息与应收信息相符合的概率［计算方法见式（4.22）］。

假设该对象总共具有 K 个模式，则该对象处于第 k 个模式的可能性 $P(E_k)$ 仍符合式（4.17）。

4.4.1.4 讨论

在正确信息占多数的情况下，采用贝叶斯法实现对于非完备信息条件下的模式估计，往往能够提供出一些有价值的判断信息，并且具有一定的容错性。但是，若错误信息和漏报信息太多，或者关键信息错报或漏报，则也会出现判断不出有价值的结果甚至判断错误的情况。另外，有时小概率事件也会发生，因此也会造成错误判断。

4.4.2 实例分析——配电网相间短路故障定位

本节以配电网相间短路故障定位问题为例，说明 4.4.1 论述的离散非完备信息条件下的模式估计方法的实际应用。

配电自动化系统是提高供电可靠性的重要手段，相间短路故障发生时，集中智能配电自动化系统的主站根据安装在配电网馈线开关处的自动化终端上报的故障信息和电网调度自动化系统传来的变电站出线断路器保护动作信息和跳闸信息，实现故障区域定位，并通过遥控故障区域周边开关分闸隔离故障区域，遥控相应变电站出线断路器合闸恢复故障上游健全区域供电，遥控相应联络开关恢复故障下游健全区域供电。

配电自动化系统的故障定位策略是依靠故障电流信息的定位方法，具有简单可靠的优点，已经建成的配电自动化系统几乎都采用这个策略。

将配电网中由开关围成的其中不再包含开关的子图称作最小配电区域（简称"区域"），将围成区域的开关称为其端点。最小配电区域是配电网中故障能够定位的最小单元。

依靠故障电流信息定位可遵循下面的规则。

故障定位规则：如果一个区域的一个端点上报了故障电流信息，并且该区域的其他所有端点均未上报故障电流信息，则故障在该区域内；若其他端点中至少有一个也上报了故障电流信息，则故障不在该区域内。

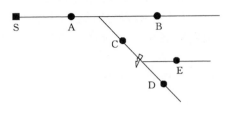

图 4.20　单电源点开环配电网示意图

例如，对于图 4.20 所示的配电网，S 是变电站出线开关，A、B、C、D、E 是分段开关。当开关 C、D、E 所围的区域 $\lambda(C，D，E)$ 内发生故障时，开关 S、A 和开关 C 会经历故障电流并上报故障电流信息，其余节点不经历故障电流。对于区域 $\lambda(S，A)$，其端点（S、A）都上报了故障电流信息，因此依据故障定位规则，故障不在该区域中。对于区域 $\lambda(A，B，C)$，其有两个端点（A、C）上报了故障电流信息，因此依据故障定位规则，故障不在该区域中。对于区域 $\lambda(C，D，E)$，其端点 C 上报了故障电流信息，而所有其他端点均未上报故障电流信息，因此依据故障定位规则，故障就在该区域中。

上述故障定位规则在配电自动化系统主站收到完备故障信息时，可以准确地实现故障区域定位，但是由于配电设备、配电自动化系统和通信网络都是工作在户外恶劣环境下，容易发生漏报或错报故障信息的现象，实际当中往往收到的是非完备故障信息。

尽管存在故障信息漏报和误报，但是，在馈线开关每相都安装保护 TA 情况下，发生相间故障时至少可以采集到来自两相的故障信息，两相故障信息均漏报或误报的可能性很小，因此利用多相故障信息冗余可以起到容错故障定位作用。

在针对架空馈线的重合闸过程中，若是永久性故障，则上游各个开关会再经历一次故障电流，若由于偶然因素在故障发生时某个开关的故障信息发生了漏报或误报，则在重合闸过程中再一次发生漏报或误报的概率比较小，除非相应 TA 或配电终端发生了故障，而这样的故障在运行中比较容易检测出来，一般可以得到及时的维修，因此融合重合闸故障信息可以起到容错故障定位作用。

当故障信息存在漏报或误报时，所判断出的可疑故障位置可能不止一处，将相对原供电电源处于最上游位置的可疑故障区域周边开关分断，初步隔离可疑故障区域；然后令联络开关合闸，在利用对侧备用电源进行供电恢复的过程中，若再次产生故障现象，则可利用沿线各个开关的故障信息进一步对故障区域进行定位，找到并隔离真正的故障区域，恢复初步隔离中误判的故障区域的供电，从而达到容错故障处理的目的。一般情况下，在故障发生后故障信息漏报或误报的概率较小，在利用对侧备用电源进行供电恢复的过程中，再次发生导致同样误判结果的故障信息漏报或误报的概率更小，因此，上述融合供电恢复中的故障信息的措施能起到容错故障定位作用。

设第 i 台开关上报 x_- 相（$x=a$，b 或 c）流过故障电流，若正确上报的概率为 $\alpha_{x,i}$，则误报的概率为 $1-\alpha_{x,i}$。

设第 i 台开关 x_- 相未上报流过故障电流，其未漏报故障信息的概率为 $\beta_{x,i}$，则漏报的概率为 $1-\beta_{x,i}$。

因此，对于第 i 台开关，其 x_- 相流过故障电流的概率 $p_{C,x,i}$ 为

$$p_{C,x,i} = \begin{cases} \alpha_{x,i} & \text{（收到该相流过故障电流信息）} \\ 1-\beta_{x,i} & \text{（未收到该相流过故障电流）} \end{cases} \tag{4.24}$$

对于第 i 台开关，其 x_- 相未流过故障电流的概率 $\overline{p}_{C,x,i}$ 为

$$\overline{p}_{C,x,i} = 1 - p_{C,x,i} \tag{4.25}$$

设故障发生时得到的各个开关各相故障信息的矩阵为 G_0，重合闸过程中得到的各个开关各相故障信息的矩阵为 G_R，供电恢复过程中得到的各个开关各相故障信息的矩阵为 G_N。对于 $G_M(M=0，R$ 或 $N)$ 中的元素，若 $g_{m,x,i}=1$，则表示第 i 个开关 x_- 相经历故障电流；若 $g_{m,x,i}=0$，则表示第 i 个开关 x_- 相未经历故障电流。

假设区域 D_j 发生 m 相短路故障时，符合故障信息 G_0 的概率 $p(D_j)$ 为

$$p(D_j) = p(G_0 | D_j) = \prod_{i \in \Omega} p_{C,x,i}^m \prod_{k \in \Omega} \overline{p}_{C,x,k}^m \tag{4.26}$$

式中：Ω 为区域 D_j 的上游电源路径上的开关的集合，D_0 表示没有任何区域故障。

融合了供电恢复中的故障信息 G_N 后，区域 D_j 发生 m 相短路故障的符合概率为

$$p(D_j) = p(G_0, G_N | D_j) = p(G_0 | D_j) p(G_N | D_j) \tag{4.27}$$

对于架空线路，再融合了重合闸过程中的故障信息 G_R 后，区域 D_j 发生 m 相短路故障的符合概率为

$$p(D_j) = p(G_0, G_N, G_R | D_j) = p(G_0 | D_j) p(G_N | D_j) p(G_R | D_j) \tag{4.28}$$

区域 D_j 发生 m 相短路故障的概率 $P(D_j)$ 为

$$P(D_j) = \frac{p(D_j)}{\sum_{i \in \Psi} p(D_i)} \tag{4.29}$$

式中：Ψ 为故障馈线上所有区域的集合。

在非装置故障情况下的故障信息漏报或误报属于偶然现象，其概率较低，连续两次发生同一指向的漏报或误报的概率更小，因此只要比较各个区域故障的概率，选出其中最大的作为故障诊断结果即可。

利用多相故障信息冗余、融合重合闸过程中的故障信息与供电恢复中的故障信息的非完备信息下的故障处理流程如图 4.21 所示。

该流程的主要思想是：对于发生永久故障的架空线路，在重合闸过程中还要经历一次故障现象，融合两次故障信息来提高处理的正确性；对于电缆线路，若故障发生时收到的故障信息不健全（存在漏报或误报），则基于这些信息的故障隔离和供电恢复就存在差错，在供电恢复过程中还会经历一次故障现象，融合这些故障信息来提高处理的正确性。在正确判断出故障位置后，执行修正控制将因误诊而被隔离的健全区域也恢复供电。

值得注意的是：在融合故障信息进行故障定位的过程中，已经恢复供电的区域以及备用电源的健全区域不在判断之列，因为它们都是确诊的无故障区域。

1. 实例 1

如图 4.22 (a) 所示的配电网，S_I 和 S_{II} 为变电站 10kV 出线断路器，A～D 为分段负荷开关，E 为联络负荷开关，实心代表合闸，空心代表分闸。假设 $\alpha=0.9$，$\beta=0.8$，在区域 D_3 内发生了永久性 a-b 相短路故障，导致 S_I 跳闸，如图 4.22 (b) 所示，所检测到的故障信息 G_0 为

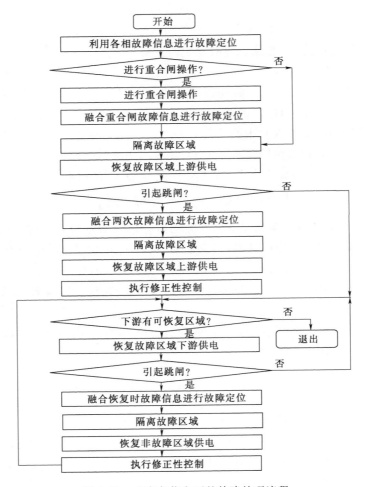

图 4.21 非完备信息下的故障处理流程

$$g_{0,a,SI}=1, g_{0,b,SI}=1; g_{0,a,A}=1, g_{0,b,A}=0; g_{0,a,B}=1, g_{0,b,B}=1;$$
$$g_{0,a,C}=1, g_{0,b,C}=0; g_{0,a,D}=0, g_{0,b,D}=0$$

仔细观察这组故障信息可见,其中存在矛盾,一定存在漏报或误报。

采用只要有任何一相收到流过故障电流信息就视为该开关流过故障电流的策略,得到的各个区域故障的概率分别为:0,0,0.01,0.1,0.03,0.85。可见,将故障区域错判为 D_5。

根据式 (4.24),有

$$p_{C,a,SI}=\alpha=0.9, p_{C,b,SI}=\alpha=0.9$$
$$p_{C,a,A}=\alpha=0.9, p_{C,b,A}=1-\beta=0.2$$
$$p_{C,a,B}=\alpha=0.9, p_{C,b,B}=\alpha=0.9$$
$$p_{C,a,C}=\alpha=0.9, p_{C,b,C}=1-\beta=0.2$$
$$p_{C,a,D}=1-\beta=0.2, p_{C,b,D}=1-\beta=0.2$$

根据式 (4.28),有

$$p_0(D_0)=0.1^3\times0.8\times0.1^3\times0.8^3=4.1\times10^{-7}$$
$$p_0(D_1)=0.9^2\times0.1\times0.8\times0.1^3\times0.8^3=3.3\times10^{-5}$$
$$p_0(D_2)=0.9^2\times0.9\times0.2\times0.1^3\times0.8^3=7.5\times10^{-5}$$
$$p_0(D_3)=0.9^2\times0.9\times0.2\times0.9^2\times0.1\times0.8^3=6.0\times10^{-3}$$
$$p_0(D_4)=0.9^2\times0.9\times0.2^3\times0.9^2\times0.1\times0.8=3.8\times10^{-4}$$
$$p_0(D_5)=0.9^2\times0.9\times0.2\times0.9^2\times0.9\times0.2\times0.8^2=1.4\times10^{-2}$$

根据式（4.29），有

$$P(D_0)\approx0,P(D_1)\approx1.6\times10^{-3},P(D_2)\approx3.7\times10^{-3},$$
$$P(D_3)\approx0.29,P(D_4)\approx0.02,P(D_5)\approx0.68$$

可见，仍会将故障区域错判为 D_5，但是其概率已经降至 0.68，也就是说，利用多相故障信息冗余可在一定程度上起到容错的作用。

2. 实例 2

假设图 4.22（a）所示配电网为架空线路，执行重合闸后再次合到永久故障区域，导致 S_I 再次跳闸，检测到重合闸过程中的故障信息 $\boldsymbol{G}_R$ 为

$$g_{R,a,SI}=1,g_{R,b,SI}=1;g_{R,a,A}=1,g_{R,b,A}=0;$$
$$g_{R,a,B}=1,g_{R,b,B}=1;g_{R,a,C}=0,g_{R,b,C}=0;$$
$$g_{R,a,D}=0,g_{R,b,D}=0$$

仔细观察这组故障信息，可见其中仍存在矛盾，可能是开关 A 的保护 TA 坏了，但是比故障时的故障信息的一致性已经好了许多。

根据式（4.24）和式（4.28），有

$$p_R(D_0)=0.1^3\times0.8\times0.1^2\times0.8^4=3.2\times10^{-6}$$
$$p_R(D_1)=0.9^2\times0.1\times0.8\times0.1^2\times0.8^4=2.1\times10^{-4}$$
$$p_R(D_2)=0.9^2\times0.9\times0.2\times0.1^2\times0.8^4=4.8\times10^{-4}$$
$$p_R(D_3)=0.9^2\times0.9\times0.2\times0.9^2\times0.8^4=4.8\times10^{-2}$$
$$p_R(D_4)=0.9^2\times0.9\times0.2\times0.9^2\times0.2^2\times0.8^2=3.0\times10^{-3}$$
$$p_R(D_5)=0.9^2\times0.9\times0.2\times0.9^2\times0.2\times0.2\times0.8^2=3.0\times10^{-3}$$

根据式（4.29），有

$$P(D_0)\approx0,P(D_1)\approx0,P(D_2)\approx0,P(D_3)\approx0.87,P(D_4)\approx0,P(D_5)\approx0.13$$

因此，可将故障区域正确判定为 D_3，隔离故障区域并恢复健全区域供电，如图 4.22（c）所示，也就是说，融合重合闸中的故障信息可起到容错作用。

3. 实例 3

仍以图 4.22（a）所示的配电网为例，设该配电网为电缆线路，假设在区域 D_5 内发生了永久性 a－b 相短路故障，导致 S_I 跳闸，如图 4.23（a）所示，由于开关 C 的保护 TA 已坏，无法检测出故障信息，故障时检测到的故障信息 $\boldsymbol{G}_0$ 为

$$g_{0,a,SI}=1,g_{0,b,SI}=1;g_{0,a,A}=1,g_{0,b,A}=1;g_{0,a,B}=1,g_{0,b,B}=1;$$

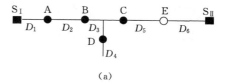

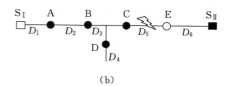

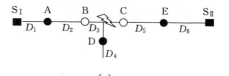

图 4.22　实例 1

$$g_{0,a,C}=0, g_{0,b,C}=0; g_{0,a,D}=0, g_{0,b,D}=0$$

根据式（4.24）和式（4.28），有

$$p_0(D_0)=0.1^6\times0.8^4=4.1\times10^{-7}$$
$$p_0(D_1)=0.9^2\times0.1^4\times0.8^4=3.3\times10^{-5}$$
$$p_0(D_2)=0.9^4\times0.1^2\times0.8^4=2.7\times10^{-3}$$
$$p_0(D_3)=0.9^6\times0.8^4=0.22$$
$$p_0(D_4)=0.9^6\times0.2^2\times0.8^2=1.4\times10^{-2}$$
$$p_0(D_5)=0.9^6\times0.2^2\times0.8^2=1.4\times10^{-2}$$

根据式（4.29），有

$$P(D_0)\approx0, P(D_1)\approx0, P(D_2)\approx0.01, P(D_3)\approx0.88,$$
$$P(D_4)\approx0.06, P(D_5)\approx0.06$$

可见，由于开关 C 的保护 TA 已坏，利用多相故障信息仍将故障区域错判为 D_3，概率为 0.88。

分开关 B 和 C 以隔离 D_3，合 S_I 恢复 D_1 和 D_2 供电，合联络开关 E，则又合到故障上，引起 S_{II} 跳闸，如图 4.23（b）所示。

供电恢复中检测到的故障信息 G_0 为

$$g_{0,a,SII}=1, g_{0,b,SII}=1; g_{0,a,E}=1, g_{0,b,E}=1$$

根据式（4.24）和式（4.28），有

$$p_N(D_0)=0.1^4=10^{-4}$$
$$p_N(D_6)=0.9^2\times0.1^2=8.1\times10^{-3}$$
$$p_R(D_5)=0.9^4=0.66$$

根据式（4.29），有

$$P(D_0)\approx0, P(D_6)\approx0.01, P(D_5)\approx0.99$$

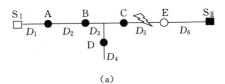

（a）

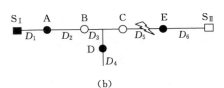

（b）

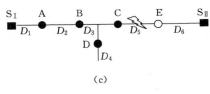

（c）

图 4.23　实例 3

可见，尽管开关 C 的保护 TA 已坏，利用供电恢复时的故障信息仍可将故障区域正确判定为 D_5，概率为 0.89，根据单一故障假设，原来判定的 D_3 有误，因此自行修正控制，结果如图 4.23（c）所示。

本　章　小　结

（1）在完备测试条件下，系统中所辨识的参数可以分为本征明晰参数和本征不确定参数两类，用本征明晰参数占所有待估计参数的比例反映该系统的本征可测性。若本征可测性为 100%，即所有待估计参数都是本征明晰参数，则称该系统是完全可量测系统，否则称该系统是非完全可量测系统。

在给定测试条件下，系统中所辨识的参数可以分为测试明晰参数和测试不确定参数两类，用测试明晰参数占所有待估计参数的比例反映该系统的测试可测性。若测试可测性与本征可测性相等，则该测试方案是充分测试方案，否则是非充分测试方案。

（2）基于蒙特卡罗方法的基本可测性估计方法在阈值的选取方面比较难于把握。改进的可测性估计方法有助于解决上述问题，主要措施包括采用最小生成树算法对明晰参数与不确定参数进行自动判别、引入了补充明确顶点、支路二次分类、相近样本调整和理想样本自动生成等。

（3）对于不确定参数，可以对其取值范围和取值概率分布进行估计，有助于提供更加丰富的信息。

（4）用来进行模式估计的观测信息往往是非完备的，此时所需估计的某个对象的模式可能是不可确定的。对于离散观测信息的情形，采用贝叶斯法是实现对非完备信息条件下的模式估计的有效手段，对于连续观测信息的情形，可以将其离散化，从而可以采取与离散观测信息相同的贝叶斯方法实现非完备信息条件下的模式估计。

在正确信息占多数的情况下，采用贝叶斯法实现对于非完备信息条件下的模式估计，往往能够提供出一些有价值的判断信息，并且具有一定的容错性。但是，若错误信息和漏报信息太多，或者关键信息错报或漏报，则也会出现判断不出有价值的结果甚至判断错误的情况。另外，有时小概率事件也会发生，因此也会造成错误判断。

第5章 不确定性分析

工程应用当中，对于调节变量和条件变量而言，确定是相对的，不确定是绝对的。本章将调节变量和条件变量都看作一个系统的输入变量，探讨输入变量的不确定性经过该系统传递到输出（如各项性能指标）后的不确定特性。

5.1 输入变量呈正态分布的线性系统的不确定分析

5.1.1 基本原理

对于输入变量呈正态分布的情形，每一个输入变量的概率分布函数都可以表示为

$$x \sim N(\mu_x, \sigma_x^2) \tag{5.1}$$

式中：x 代表输入变量；μ_x、σ_x^2 分别为 x 的均值和方差。

假设各个输入变量相互独立，并且这些呈正态分布的输入变量作用的系统可以近似看做线性系统，即输出变量与各个输入变量之间近似呈线性关系，即

$$\boldsymbol{F} = \boldsymbol{K}\boldsymbol{X} \tag{5.2}$$

其中

$$\boldsymbol{F} = [f_1, f_2, \cdots, f_N]^T$$

$$\boldsymbol{X} = [x_1, x_2, \cdots, x_M]^T$$

$$\boldsymbol{K} = \begin{bmatrix} k_{1,1} & k_{1,2} & \cdots & k_{1,M} \\ k_{2,1} & k_{2,2} & \cdots & k_{2,M} \\ \vdots & \vdots & \vdots & \vdots \\ k_{N,1} & k_{N,1} & \cdots & k_{N,M} \end{bmatrix} \tag{5.3}$$

式中：$\boldsymbol{F}$ 为输出变量矩阵；$\boldsymbol{X}$ 为各个输入变量构成的矩阵；N、M 分别为输出变量的个数和输入变量的个数，$\boldsymbol{K}$ 为输出变量与各个输入变量之间的线性关系系数矩阵。

对于式（5.2），假定各个输出变量不确定性的概率分布也呈正态分布且相互独立，如对于第 i 个输出变量 f_i，有

$$f_i = k_{i,1}x_1 + k_{i,2}x_2 + \cdots + k_{i,M}x_M \tag{5.4}$$

则有

$$f_i \sim N(\mu_{f,i}, \sigma_{f,i}^2) \tag{5.5}$$

其中

$$\mu_{f,i} = k_{i,1}\mu_{x,1} + k_{i,2}\mu_{x,2} + \cdots + k_{i,M}\mu_{x,M} \tag{5.6}$$

$$\sigma_{f,i}^2 = k_{i,1}^2\sigma_{x,1}^2 + k_{i,2}^2\sigma_{x,2}^2 + \cdots + k_{i,M}^2\sigma_{x,M}^2 \tag{5.7}$$

式中：$\mu_{f,i}$、$\sigma_{f,i}^2$ 分别为 f_i 的均值和方差。

由于 f_i 服从正态分布，利用正态分布的性质可以确定其置信区间。

例如，f_i 的 95.4% 置信区间为 $[f_{i,\min}, f_{i,\max}]$，其中

$$f_{i,\min}=\mu_{f,i}-2\sigma_{f,i} \tag{5.8}$$
$$f_{i,\max}=\mu_{f,i}+2\sigma_{f,i} \tag{5.9}$$

f_i 的 99.7% 置信区间为 $[f_{i,\min},\ f_{i,\max}]$，其中

$$f_{i,\min}=\mu_{f,i}-3\sigma_{f,i} \tag{5.10}$$
$$f_{i,\max}=\mu_{f,i}+3\sigma_{f,i} \tag{5.11}$$

f_i 的 95% 单侧置信上限值为

$$f_{i,H}=\mu_{f,i}+1.65\sigma_{f,i} \tag{5.12}$$

f_i 的 99.7% 单侧置信上限值为

$$f_{i,H}=\mu_{f,i}+2.75\sigma_{f,i} \tag{5.13}$$

在样本数比较少时，则需采用 t 分布反映正态分布，不再赘述。

在各个输入变量相互不独立的情况下，需要考虑输入变量相互之间的相关系数，它会对系统输出的方差产生影响，而对系统输出的均值没有影响。也即，式（5.7）变为式（5.14）即可，其余都与各个输入变量相互独立的情况相同。

$$\sigma_{f,i}^2=\sum_{j=1}^{M}k_{i,j}^2\sigma_{x,j}^2+2\sum_{\substack{m\neq n\\m\in[1,M]\\n\in[1,M]}}\rho(x_m,x_n)k_{i,m}k_{i,n}\sigma_{x,m}\sigma_{x,n} \tag{5.14}$$

式中：$\rho(x_m,\ x_n)$ 为输入变量 x_m 和 x_n 的相关系数。

5.1.2　实例分析

这里以电力负荷预测和配电网静态安全分析为例，说明 5.1.1 论述的输入变量呈正态分布的线性系统不确定分析方法的应用。

5.1.2.1　输入变量呈正态分布的线性系统不确定分析方法在电力负荷预测中的应用

电力负荷预测是电力系统规划和优化运行的基础性工作，地位非常重要。

在大多数多因素负荷预测的文献中，将除了电力负荷之外的相关因素的未来数据都认为是已知的而且是确定的。但是实际上这些相关因素同样存在显著的不确定性，如对于天气的预报、产值的预测、GDP 的预计等的偏差往往很明显。相关因素的这些不确定性对负荷预测结果将产生多大的影响；综合考虑相关因素的不确定性和预测器的拟合缺陷后，负荷预测结果的均值及置信区间如何确定；负荷预测结果对哪些因素的误差敏感以至于必须尽量提高这些数据的预报精度；对哪些因素的误差不敏感以至于只需大体掌握这些数据的轮廓就可以了……这些问题对于电力负荷预测工作具有重要的指导意义。

一个根据 p 个相关因素进行负荷预测的负荷预测器的组成如图 5.1 所示，其预测方程见式（5.15）。

$$\bar{y}=Ef(x_1,x_2,\cdots,x_p) \tag{5.15}$$

式中：$\bar{y}$ 为负荷预测均值，E 为期望算子。

预测方程中的 $f(x_1,\ x_2,\ \cdots,\ x_p)$ 是根据负荷（y）的历史数据以及相关因素（$x_1\sim x_p$）的历史数据采用回归、人工神经网络或灰色预测等方法来确定的，考虑到历史数据能够比较仔细地查证，因此可以认为历史数据是比较准确的，

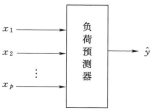

图 5.1　负荷预测器的组成

因此根据历史数据建立的预测关系应当是比较客观的，可以不考虑在建立预测关系过程中相关因素的不确定性。

但是在利用预测方程对未来的负荷进行预测时，需要将相关因素（$x_1 \sim x_p$）的未来预测数据作为输入，而这些相关因素的预测数据中包含不确定性，这些不确定性可以表示为

$$x_i = \hat{\bar{x}}_i + \hat{\bar{\varepsilon}}_i \tag{5.16}$$

式中：x_i、$\hat{\bar{x}}_i$ 分别为未来第 i 个相关因素的实际值和预测平均值；$\hat{\bar{\varepsilon}}_i$ 为预测误差。

一般可以认为预测误差呈正态分布，即

$$\hat{\varepsilon}_i \sim N(\hat{\mu}_i, \hat{\sigma}_i^2) \tag{5.17}$$

式中：$\hat{\mu}_i$ 和 $\hat{\sigma}_i$ 分别为预测误差 $\hat{\varepsilon}_i$ 的均值和方差的估计值。

通过调整，一般可以做到无偏预测，即 $\hat{\mu}_i = 0$，则

$$\hat{\varepsilon}_i \sim N(0, \hat{\sigma}_i^2) \tag{5.18}$$

因此可以得出 x_i 在置信度为（$1-\alpha$）% 下的置信区间为

$$\hat{x}_i \in [\hat{\bar{x}}_i - \beta\hat{\sigma}_i, \hat{\bar{x}}_i + \beta\hat{\sigma}_i] \tag{5.19}$$

在不考虑 x_i 的不确定性时，通常都是用 $\hat{\bar{x}}_i$ 作为负荷预测器的输入的。β 为比例系数，与样本的自由度和 α 有关。比如，对于样本数充足的情形，在 99.7% 置信度下，$\beta = 3$；对于样本数较少（自由度为 n）的情形，在（$1-\alpha$）% 置信度下，$\beta = T_{\alpha/2}(n)$，$t_{\alpha/2}(n)$ 可根据 t 分布表得到。

考虑到 x_i 的预测误差一般小于预测均值，因此近似认为在 x_i 的预测均值附近，负荷预测结果与 x_i 呈线性关系，并且认为各个相关因数相互独立。为了得到各个相关因数的预测误差对负荷预测结果的影响程度，分别在各个相关因素的预测均值处求负荷预测均值对其的偏导数，即

$$k_i = \frac{\partial \hat{\bar{y}}}{\partial \hat{x}_i} \bigg|_{\hat{\boldsymbol{X}} = \hat{\bar{\boldsymbol{X}}}} = \frac{\partial f(\hat{x}_1, \hat{x}_2, \cdots, \hat{x}_p)}{\partial \hat{x}_i} \bigg|_{\hat{\boldsymbol{X}} = \hat{\bar{\boldsymbol{X}}}} \tag{5.20}$$

式中：$\hat{\boldsymbol{X}}$、$\hat{\bar{\boldsymbol{X}}}$ 分别为由 $\hat{x}_i$ 和 $\hat{\bar{x}}_i$ 构成的向量。

若 $k_i > 0$，则 $\hat{\bar{y}}$ 随着 x_i 的增大而增大；若 $k_i < 0$，则 $\hat{\bar{y}}$ 随着 x_i 的增大而减小。并且 $|k_i|$ 越大，$\hat{\bar{y}}$ 对 x_i 的预测误差越敏感，也即对 x_i 的要求越高。

在掌握各个相关因素的置信区间的情况下，可以估计出负荷预测均值的波动范围为

$$\hat{\bar{y}}_{\max} = f(\hat{\bar{x}}_1 + \beta\delta_1, \hat{\bar{x}}_2 + \beta\delta_2, \cdots, \hat{\bar{x}}_p + \beta\delta_p) \tag{5.21}$$

$$\hat{\bar{y}}_{\max} = f(\hat{\bar{x}}_1 - \beta\delta_1, \hat{\bar{x}}_2 - \beta\delta_2, \cdots, \hat{\bar{x}}_p - \beta\delta_p) \tag{5.22}$$

其中

$$\delta_i = \frac{k_i}{|k_i|} \tag{5.23}$$

例如，对于多元线性回归预测器，其预测方程为

$$\hat{\bar{y}} = \hat{b}_1 \hat{\bar{x}}_1 + \hat{b}_2 \hat{\bar{x}}_2 + \cdots + \hat{b}_p \hat{\bar{x}}_p + \hat{b}_0 \tag{5.24}$$

因此有

$$k_i = \hat{b}_i \tag{5.25}$$

又如，对于一个多元非线性回归预测器，假设其预测方程为

$$\hat{y} = \hat{b}_1 \hat{\overline{x}}_1^3 + \hat{b}_2 \ln \hat{\overline{x}}_2 + \cdots + \hat{b}_p e^{2\hat{\overline{x}}_p} + \hat{b}_0 \tag{5.26}$$

则有

$$k_1 = 3\hat{b}_1 \hat{\overline{x}}_1^2, k_2 = \hat{b}_2 \hat{\overline{x}}_2^{-1}, \cdots, k_p = 2\hat{b}_p e^{2\hat{\overline{x}}_p} \tag{5.27}$$

对于人工神经网络预测器和灰色预测器等不便于用公式简明地表示出各个相关因素与负荷预测结果的关系的情形，可以采取数值微分的方法得出各个相关因数对负荷预测结果的影响程度，即

$$k_i = \frac{\partial \hat{y}}{\partial \hat{x}_i}\bigg|_{\hat{x}=\hat{x}} \approx \frac{f(\hat{\overline{x}}_1, \cdots, \hat{\overline{x}}_i + \hat{\sigma}_i \cdots, \hat{x}_p) - f(\hat{\overline{x}}_1, \cdots, \hat{\overline{x}}_i - \hat{\sigma}_i \cdots, \hat{x}_p)}{2\hat{\sigma}_i} \tag{5.28}$$

假设需要对 S 省下一年电量（y）的预测。选择省内 GDP 总值（x_1）和省内重工业生产总值（x_2）为相关影响因素，且假设预测年 x_1 和 x_2 的不确定性呈正态分布（y、x_1 和 x_2 的单位分别为亿 kW·h、亿元和亿元）。

首先将 x_1 和 x_2 当作时间序列，并采用关于时间的一元线性回归预测法，分别得到它们的年预测均值 $\hat{\overline{x}}_1 = 1929.0$ 和 $\hat{\overline{x}}_2 = 1165.8$，在 99.7% 置信度下的两个变量的置信区间分别为 [1825.98，2031.02] 和 [990.20，1341.40]。

采用二元线性回归预测法进行负荷预测，运用最小二乘法得出负荷均值预测方程为

$$\hat{y} = 0.0112 \hat{\overline{x}}_1 + 0.1376 \hat{\overline{x}}_2 + 129.3336$$

用 $\hat{\overline{x}}_1$ 和 $\hat{\overline{x}}_2$ 对应的预测误差的方差来近似反映 x_1 和 x_2 的各组数据对应的预测误差的方差，有 $\hat{\sigma}_e = 11.46$，此时对应的 $\hat{\overline{y}}(\hat{\overline{x}}_1, \hat{\overline{x}}_2) = 311.35$。

对负荷预测均值的波动范围粗略估计，可以得出 $k_1 = 0.0112$，$k_2 = 0.1376$，$\delta_1 = \delta_2 = 1$，由此可以看出负荷对省内重工业生产总值的敏感性大于对省内 GDP 总值的敏感性，还可以得出负荷预测均值的波动范围粗略估计为 $\hat{y}_{min} = f(1826.98，990.20) = 286.05$，$\hat{y}_{max} = f(2031.02，1341.40) = 336.66$。

5.1.2.2 输入变量呈正态分布的线性系统不确定分析方法在配电网静态安全分析中的应用

文献 [14] 提出了一种基于变结构耗散网络的配电网简化模型，从而将其近似为线性系统。该简化模型将配电网看做一种赋权图，即将配电开关看做节点，而将配电线路和配电变压器综合看作有向边（弧），其方向为潮流的方向。严格地讲，需要采用复数功率反映负荷，但是在假设馈线沿线无功补偿良好、功率因数近似相同的情况下，可以近似地采用电流反映负荷。将流过配电开关的负荷作为节点的权，将馈线供出的负荷作为弧的权。

配电网上由一些开关节点围成的内部没有开关节点（但可以有 T 接点）的部分称为区域，其中潮流流入的节点称为入点，其余节点称为出点，区域是配电网运行方式调整的最小单元，一个区域内供应的负荷之和称为该区域的负荷。

例如，图 5.2 所示的配电网，方块表示变电站 10kV 出线断路器，圆点表示馈线开关，实心圆点表示开关合闸，空心圆点表示开关分闸。基于配电网的变结构耗散网络模型，将开关看作节点，数字 1~9 表示节点的序号，其中节点 1 和节点 7 为馈线的电源节点，节点 5 表示处于分闸状态的联络开关，节点 8 表示分支的末梢节点，节点 9 表示 T 接点，节

点 2~节点 4、节点 6 表示处于合闸状态的分段开关；图中虚线圈所示为由开关围成的区域，共有 6 个，它们的入点分别为节点 1、节点 2、节点 3、节点 4、节点 6、节点 7，它们的出点分别为节点 2、节点 3、节点 4、节点 8、节点 5、节点 6。

流过一个节点的负荷等于其所有下游区域的负荷之和，即

$$s_m = \sum_{k \in \boldsymbol{\alpha}(m)} s_{(k)} \tag{5.29}$$

式中：s_m 为节点 m 的负荷；$s_{(k)}$ 为区域 k 的负荷；$\boldsymbol{\alpha}(m)$ 为节点 m 的下游的所有区域的集合。

在已知各个区域的负荷时，可以根据式（5.29）计算出流过各个节点的负荷，称为区点变换。

例如，对于图 5.2 所示的配电网，在当前运行方式下，有：$s_1 = s_{(1)} + s_{(2)} + s_{(3)} + s_{(4)}$；$s_2 = s_{(2)} + s_{(3)} + s_{(4)}$；$s_3 = s_{(3)} + s_{(4)}$；$s_4 = s_{(4)}$；$s_5 = 0$；$s_6 = s_{(5)}$；$s_7 = s_{(5)} + s_{(6)}$；$s_9 = 0$。

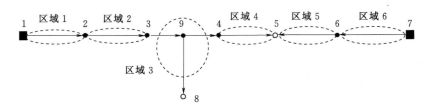

图 5.2 配电网的简化模型

在已知各个节点流过的负荷的情况下，也可以根据式（5.30）计算出各个区域的负荷，称为点区变换。

$$s_{(i)} = s_j - \sum_{k \in \boldsymbol{\beta}} s_k \tag{5.30}$$

其中，节点 j 为区域 i 的入点，$\boldsymbol{\beta}$ 为区域 i 的所有出点的集合。

各个区域的负荷是由数量众多的用户负荷合成的，根据大数定理，可以将其看做符合正态分布的随机变量 S，其均值为 μ_s，方差为 σ_s，随机变量 S 记作 $S \sim N(\mu_s, \sigma_s^2)$，即一般可认为各个区域的负荷是相互独立的，则它们的和或差仍然符合正态分布，根据式（5.29），流过节点的负荷也可以看做符合正态分布的随机变量。

例如，对于图 5.2 所示的配电网，节点 1（电源点）的负荷的概率密度为 $S_1(i) \sim N(\mu_{s1} + \mu_{s2} + \mu_{s3} + \mu_{s4}, \ \sigma_{s1}^2 + \sigma_{s2}^2 + \sigma_{s3}^2 + \sigma_{s4}^2)$；节点 7（电源点）的负荷的概率密度为 $S_7(i) \sim N(\mu_{s5} + \mu_{s6}, \ \sigma_{s5}^2 + \sigma_{s6}^2)$。

假设要调整运行方式，分断开关 4、闭合开关 5，从而将区域 4 内的负荷从电源 1 移向电源 7，则节点 1 和节点 7 的负荷的概率密度变为

$$S_1(i) \sim N(\mu_{s1} + \mu_{s2} + \mu_{s3}, \sigma_{s1}^2 + \sigma_{s2}^2 + \sigma_{s3}^2)$$
$$S_7(i) \sim N(\mu_{s4} + \mu_{s5} + \mu_{s6}, \sigma_{s4}^2 + \sigma_{s5}^2 + \sigma_{s6}^2)$$

因为电气设备的极限参数都是采用电流的形式给出的，因此根据电流幅值的概率密度，可以得出定量反映配电网的静态安全情况。假设电气设备流过电流的安全极限为 I_{max}，在给定置信度下（如 99.7%），流过某电气设备的电流幅值的置信区间为 $[\mu - \sigma_L, \mu + \sigma_H]$（如 $[\mu_s - 3\sigma_s, \mu_s + 3\sigma_s]$），根据电流幅值的概率密度与安全极限 I_{max} 的关系，可

以对应图 5.3 所示的 4 种安全状况。当 $\mu+\sigma_H<I_{max}$ 时，配电网安全；当 $\mu+\sigma_H>I_{max}$ 但是 $\mu<I_{max}$ 时，配电网有不安全的风险；当 $\mu>I_{max}$ 但是 $\mu-\sigma_L<I_{max}$ 时，配电网不安全；当 $\mu-\sigma_L>I_{max}$ 时，配电网很不安全。

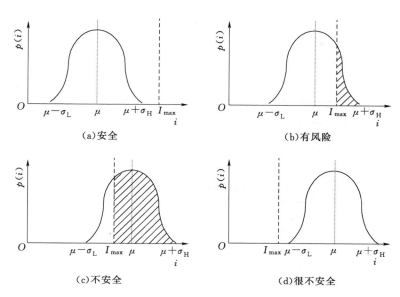

图 5.3 配电网的 4 种安全状况

对于如图 5.2 所示的 10kV 配电网，其在未来的某个时期其各个区域的负荷预测情况见表 5.1。

表 5.1　　　　　　　　　　各个区域的负荷预测情况　　　　　　　　　　单位：A

项目	区域 1	区域 2	区域 3	区域 4	区域 5	区域 6
μ_s	182	27	60	89	27	100
σ_s	20	2	4	6	2	5

采用本小节论述的分析方法，可以得出流过各个节点的负荷预测情况和安全评价，见表 5.2。

表 5.2　　　　　　　　流过各个节点的负荷预测情况及安全评价　　　　　　　　单位：A

项目	节点 1	节点 2	节点 3	节点 4	节点 6	节点 7
μ_s	358	176	149	89	27	127
σ_s	21.4	7.5	7.2	6	2	5.4
$\mu_s+3\sigma_s$	422.2	198.5	170.6	107	33	143.2
$\mu_s-3\sigma_s$	293.8	153.5	127.4	71	21	110.8
I_{max}	310	310	310	310	310	310
安全评价	很不安全	安全	安全	安全	安全	安全

根据电源点 1 和电源点 7 的电流的数学期望进行网络重构，得到分断开关 4、闭合开关 5 的结果，各个节点的负荷预测情况和安全评价见表 5.3。

表 5.3		根据电源点 μ_s 进行网络重构的结果			单位：A	
项目	节点 1	节点 2	节点 3	节点 5	节点 6	节点 7
μ_s	269	87	60	89	116	216
σ_s	20.5	4.5	4	6	6.3	8.1
$\mu_s+3\sigma_s$	330.5	100.5	72.0	107	134.9	240.3
$\mu_s-3\sigma_s$	207.5	73.5	48	71	97.1	191.7
$I_{\max}$	310	310	310	310	310	310
安全评价	有风险	安全	安全	安全	安全	安全

为了进一步提高配电网的安全性，再根据电源点 1 和电源点 7 的电流幅值的 $\mu+3\sigma$ 进行网络重构，得到分断开关 3、闭合开关 4 的结果，各个节点的负荷预测情况和安全评价见表 5.4。

表 5.4		根据 $\mu+3\sigma$ 进行网络重构的结果			单位：A	
项目	节点 1	节点 2	节点 4	节点 5	节点 6	节点 7
μ_s	209	27	60	149	176	276
σ_s	20.1	2	4	6.3	6.6	8.3
$\mu_s+3\sigma_s$	269.3	33	72.0	167.9	195.8	300.9
$\mu_s-3\sigma_s$	148.7	21	48	130.1	156.2	251.1
$I_{\max}$	310	310	310	310	310	310
安全评价	安全	安全	安全	安全	安全	安全

由表 5.4 可见，通过网络优化，可以实现配电网负荷均衡并且确保安全运行。

5.2　输入变量呈多条件正态分布的线性系统的不确定分析

5.2.1　基本原理

在许多情况下，输入变量并不呈正态分布，而是表现出多种趋势，每种趋势的条件各不相同，但是在任一种趋势下的不确定性可近似认为呈正态分布，这种情况称为多条件正态分布。

比如，对于夏季的电力负荷，是否下雨对负荷曲线会产生显著影响，但是各种条件（如下雨或不下雨）的出现与否同样是不确定的，一般用概率反映，如降水概率。在给定条件下，负荷仍然具有不确定性，这一般可以认为是围绕均值附近波动的，可以近似为正态分布，如图 5.4 所示。

对于具有 M 个趋势（即条件数）的多条

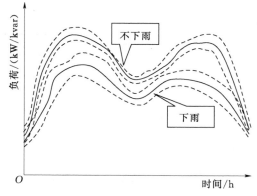

图 5.4　典型条件正态分布的区域
负荷预测曲线及其置信区间

件正态分布的输入变量 x^M，可以表示为

$$x^M = \{\tilde{x}(1), \tilde{x}(2), \cdots, \tilde{x}(M)\} \tag{5.31}$$

$$\tilde{x}(i) \sim \theta(i) N[\mu_{x(i)}, \sigma_{x(i)}^2] \tag{5.32}$$

式中：$\theta(i)$ 为第 i 种可能（条件）出现的概率；$\tilde{x}(i)$ 为总概率为 $\theta(i)$ 的正态分布的随机变量，其均值和方差分别为 $\mu_{x(i)}$ 和 $\sigma_{x(i)}$。

显然有

$$\sum_{i=1}^{M} \theta(i) = 1 \tag{5.33}$$

5.1 节描述的呈正态分布的输入变量可以看做是呈多条件正态分布的输入变量在条件数为 1 时的特例，因此也可将其称为单条件正态分布的输入变量。

相互独立的若干呈多条件正态分布的输入变量作用于线性系统时，以系统的输出为目标函数，则其性能指标是各个单条件正态分布的输入变量作用于线性系统时目标函数性能指标的合成，呈条件数为 Ψ 的多条件正态分布，Ψ 为各个输入变量的条件数的乘积，即

$$\Psi = \prod_{i=1}^{N} M_i \tag{5.34}$$

式中：M_i 为第 i 个输入变量的条件数；N 为输入变量的个数。

目标函数的性能指标呈第 γ 种趋势的概率 p_γ 为

$$p_\gamma = \prod_{i=1}^{N} \prod_{j=1}^{M} \theta_{\gamma,i}(j) \tag{5.35}$$

式中：$\theta_{\gamma,i}(j)$ 为目标函数的性能指标呈第 γ 种趋势时对应的输入变量 i 的第 j 种条件的概率。

第 h 个目标函数的性能指标呈第 γ 种趋势的概率分布呈正态分布，即

$$f_h \sim N(\mu_{f,h,\gamma}, \sigma_{f,h,\gamma}^2) \tag{5.36}$$

其中

$$\mu_{f,h,\gamma} = k_{h,1}\mu_{x,1,\gamma} + k_{h,2}\mu_{x,2,\gamma} + \cdots + k_{h,M}\mu_{x,M,\gamma} \tag{5.37}$$

$$\sigma_{f,h,\gamma}^2 = k_{h,1}^2 \sigma_{x,1,\gamma}^2 + k_{h,2}^2 \sigma_{x,2,\gamma}^2 + \cdots + k_{h,M}^2 \sigma_{x,M,\gamma}^2 \tag{5.38}$$

式中：$\mu_{f,h,\gamma}$、$\sigma_{f,h,\gamma}^2$ 分别为使目标函数的性能指标呈第 γ 种趋势的情况下，第 h 个输入变量的均值和方差。

第 h 个目标函数的性能指标的均值 $\mu_{f,h}$ 为各种条件下均值的加权和，加权系数为各个条件出现的概率，即

$$\mu_{f,h} = \sum_{\gamma=1}^{\Psi} p_\gamma \mu_{f,h,\gamma} \tag{5.39}$$

第 h 个目标函数的性能指标的方差 $\sigma_{f,h}^2$ 为

$$\sigma_{f,h}^2 = \sum_{\gamma=1}^{\Psi} p_\gamma^2 \sigma_{f,h,\gamma}^2 \tag{5.40}$$

至于第 h 个目标函数的性能指标的置信区间，则需要根据实际情况仔细计算。

在各个输入变量相互不独立的情况下，需要考虑输入变量相互之间的相关系数，它们会对性能指标的方差产生影响，而对性能指标的均值没有影响。也即，式（5.38）改变为式（5.41）即可，其余都与各个输入变量相互独立的情况相同。

$$\sigma_{f,h,\gamma}^2 = \sum_{j=1}^{M} k_{h,j}^2 \sigma_{x,j,\gamma}^2 + 2 \sum_{\substack{m \neq n \\ m \in [1,M] \\ n \in [1,M]}} \rho(x_m, x_n) k_{i,m} k_{i,n} \sigma_{x,m,\gamma} \sigma_{x,n,\gamma} \tag{5.41}$$

式中：$\rho(x_m，x_n)$ 为输入变量 x_m 和 x_n 的相关系数。

5.2.2　实例分析

　　这里仍以配电网静态安全分析为例，说明 5.2.1 论述的输入变量或者控制变量呈多条件正态分布的线性系统不确定分析方法的应用。

　　对于多条件负荷，在进行静态安全校验时，需要将各种条件下超过允许电流极限值的概率进行叠加，得到总的超过允许电流极限值的概率 $P_{rob}(\xi I_{max})$，其中，ξ 为安全系数。

　　在置信度 $(1-\alpha)\%$ 下，如果 $P_{rob}(\xi I_{max})<\alpha$ 则认为满足安全要求，否则不满足。

　　图 5.5 所示为一个典型的配电网，图中实心圆点代表合闸状态的开关，空心圆点节点代表分闸状态的开关（即联络开关），节点上的数字为节点编号，括号内数字为区域的编号，箭头表示潮流方向。在本例当中，采用有功功率 p 和无功功率 q 反映负荷。

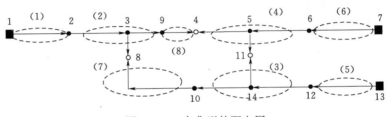

图 5.5　一个典型的配电网

　　假设计划在某个时间段安排电源点 13 的检修，届时需要将区域（3）、（5）和区域（7）的负荷转移到电源点 1 和电源点 7 的线路上，事先需要在确保运行安全的前提下的负荷转移方案。

　　经过长期的观测和分析，预测出在检修期间的负荷最重时间段内各个区域的负荷预测结果见表 5.5。根据天气预报，降水概率为 70%。

表 5.5　　　　　　　　　　　　　　　　各个区域的负荷预测情况

负荷		区域（1）	区域（2）	区域（3）	区域（4）	区域（5）	区域（6）	区域（7）	区域（8）
不下雨	μ_p/kW	2254	779	691	1157	968	1145	606	571
	μ_q/kvar	883	318	377	207	197	666	218	210
	σ_p/kW	253	50	50	74	54	58	43	44
	σ_q/kvar	90	16	20	15	21	24	16	14
下雨	μ_p/kW	1683	681	601	932	856	882	517	460
	μ_q/kvar	630	246	281	156	178	517	166	163
	σ_p/kW	189	40	36	60	44	51	37	35
	σ_q/kvar	62	13	16	11	20	18	12	13

　　根据对历史数据分析，各个区域间的相关系数见表 5.6。假设该配电网中有功负荷与无功负荷的相关系数相等。

表 5.6　　　　　　　　　　　　　　　　各个区域间的相关系数

区域	区域（1）	区域（2）	区域（3）	区域（4）	区域（5）	区域（6）	区域（7）	区域（8）
（1）	1.00	0.86	0.27	0.19	0.21	0.12	0.74	0.23
（2）	0.86	1.00	0.32	0.65	0.25	0.15	0.76	0.45
（3）	0.27	0.32	1.00	0.72	0.56	0.13	0.29	0.25
（4）	0.19	0.65	0.72	1.00	0.46	0.32	0.27	0.68
（5）	0.21	0.25	0.56	0.46	1.00	0.38	0.26	0.17
（6）	0.12	0.15	0.13	0.32	0.38	1.00	0.21	0.42
（7）	0.74	0.76	0.29	0.27	0.26	0.21	1.00	0.36
（8）	0.23	0.45	0.25	0.68	0.17	0.42	0.36	1.00

假设电源点 1 和电源点 7 的额定电流 I_E 均为 400A，安全系数 $\gamma = 0.95$。

对电源点 13 进行检修时需要拉开其两侧隔离开关，将原来由电源点 13 供电的区域（3）、区域（5）和区域（7）的负荷转移到电源点 1 和电源点 7 供电的线路上。分以下两种极端情况说明：

（1）如果将联络开关 8 合闸，即将原来由电源点 13 供电的负荷全部转移到电源点 1 供电的线路上。有以下三种情况：

1）在只考虑降水情况下，流过电源点 1 的电流的均值为 293A，满足电气极限要求。

2）在只考虑降水情况下，在 95％置信度下流过电源点 1 的最大电流为 313A，也满足电气极限要求。

3）考虑负荷间的相关关系、并综合考察降水与不降水两种可能性后，流过电源点 1 的电流超过 γI_E 的概率大于 5％，因此在 95％置信度下不满足电气极限要求。

（2）如果将联络开关 11 合闸，即将原来由电源点 13 供电的负荷全部转移到电源点 7 供电的线路上，在考虑负荷间的相关关系和降水可能性后，流过电源点 7 的电流超过 γI_E 的概率大于 5％，因此在 95％置信度下不满足电气极限要求。

可见，有必要寻求在电源点 13 检修情况下，确保运行安全的前提下的负荷转移方案。为了留有尽量多的备用容量应对偶然的非规律性的负荷增大，需要以尽量降低负荷均衡率（定义为连通系内最大负荷均值与最小负荷均值的比值）为目标，寻求负荷均衡的运行方式。

考虑负荷相关性时，进行以负荷均衡化为目标的网络重构，最终得到的负荷转移方案为：分开关 10，合开关 8 和开关 11。此时的负荷均衡率为 1.0940，流过电源点 1 的电流为 249A，流过电源点 7 的电流为 228A，在 95％置信度下都满足电气极限要求。

5.3　输入变量呈任意分布作用于任意系统的不确定分析

对于输入变量的不确定性并不呈多条件正态分布，而是任意分布规律，或者所作用的系统也表现出非线性的情形，需要采用"抽样盲数"的方法描述其不确定性并评估其影响。

5.3.1 抽样盲数的定义

一个具有不确定性的随机变量 u，其概率密度函数如图 5.6 所示，其中 $p(u)$ 为其概率密度函数。

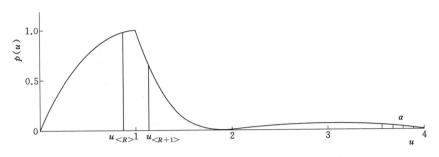

图 5.6 u 的概率密度函数

对于随机变量 u，将其在置信度为 $(1-\alpha)\%$ 下的置信区间内分成 Q 段（不要求分段均匀），对于第 R 段，其范围为 $[u_{<R>}, u_{<R+1>}]$。设 u 取值在第 R 段间的概率为 P_R，并且有

$$P_R = \int_{u_{<R>}}^{u_{<R+1>}} p(u)\mathrm{d}u \tag{5.42}$$

U_R 为 u 在第 R 段内的**区间均值**，U_R 表示为

$$U_R = \frac{\int_{u_{<R>}}^{u_{<R+1>}} uP(u)\mathrm{d}u}{P_R} \tag{5.43}$$

用区间均值表示的盲数为抽样盲数，所分的段数 Q 称为该**抽样盲数的阶数**。

可以将一个抽样盲数表示为一个 $2Q$ 的矩阵，对于随机变量 u，有

$$\breve{u}^{<Q>}(U,P) = \begin{bmatrix} U_1^{<Q>} & U_2^{<Q>} & \cdots & U_Q^{<Q>} \\ P_1^{<Q>} & P_2^{<Q>} & \cdots & P_Q^{<Q>} \end{bmatrix} \tag{5.44}$$

式中：$(U_R^{<Q>}, P_R^{<Q>})$ 为抽样盲数 $\breve{u}^{<Q>}$ 的第 R 个样本；$U_R^{<Q>}$ 为第 R 个样本的值；$P_R^{<Q>}$ 为 u 在第 R 段取值的可能性，为第 R 个样本的可能性；样本序号 R 一般按照 U_R 从小到大的顺序排列。在 (U,P) 平面上抽样盲数各个样本的分布图为该抽样盲数的谱图。

对于抽样盲数 $\breve{u}^{<Q>}$，显然有

$$\sum_{R=1}^{Q} P_R^{<Q>} = 1.0 \tag{5.45}$$

由抽样盲数的定义可知抽样盲数是基于盲数的在区间数和随机变量分布的一种推广应用。采用盲信息区间的均值及取值概率作为样本反映该区间的不确定信息，以不确定变量的各个样本的集合作为反映其不确定信息的抽样盲数，可以用来对含多种不确定性盲信息进行数学表达和数学处理。

例如，对于图 5.6 所示的变量 u，其概率密度函数为

$$p(u) = \begin{cases} u(2-u) & (u \in [0,1)) \\ (2-u)^3 & (u \in [1,2)) \\ \dfrac{-(u-2)(u-4)}{16} & (u \in [2,4]) \\ 0 & (其他) \end{cases} \quad (5.46)$$

取显著水平 $\alpha = 0.005$，其 $1-\alpha$ 置信区间为 $[0, 3.792]$，将其分为 20 等分，则其抽样盲数 $\breve{u}^{<20>}$ 的谱图如图 5.7 所示。

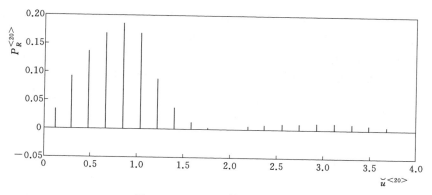

图 5.7　抽样盲数 $\breve{u}^{<20>}$ 的谱图

5.3.2　不确定性呈任意分布的控制变量作用于任意系统后的性能评估

对于 1 个具有 K 个不确定性呈任意分布的控制变量的任意系统，设其控制变量为 $x_1 \sim x_k$，系统的目标函数的性能指标矩阵为 $F = [f_1, f_2, \cdots, f_W]^T$，其中 W 为目标函数的性能指标的个数。

对于第 i 个控制变量，在其置信度为 $(1-\alpha)\%$ 下的置信区间内将其分成 m_i 段，并将其表示为抽样盲数 $\breve{x}_i^{<m_i>}$，设其第 L 个样本的值为 $X_{i,L}^{<m_i>}$，可能性为 $P_{i,L}^{<m_i>}$。

令各个控制变量分别取其抽样盲数各个样本对应的值，则不同的组合个数为

$$N = \prod_{i=1}^{K} m_i = m_1 m_2 \cdots m_K \quad (5.47)$$

其中，第 h 个组合的值集合记做 $G_h(X_{i,i}^{<m_i>}, X_{2,j}^{<m_2>}, \cdots, X_{K,n}^{<m_K>})$，可能性记做 P_h，则有

$$P_h = P_{1,i}^{<m_1>} P_{2,j}^{<m_2>} \cdots P_{K,n}^{<m_K>} \quad (5.48)$$

将各个目标函数的性能指标表示为 N 阶抽样盲数，比如对于第 i 个目标函数的性能指标 f_i 表示为 N 阶抽样盲数 $\breve{f}_i^{<N>}$，其第 L 个样本值为 $F_{i,L}^{<N>}$，可能性为 $P_{F,i,L}^{<N>}$。

将 G_h 作为控制变量作用于系统，得到各个目标函数的性能指标，比如对于第 i 个目标函数的性能指标为 $\hat{f}_{i,h}$，则可以得出其第 h 个准样本 $(F'_{i,h}, P'_{F,i,h})$，即

$$F'_{i,h} = \hat{f}_{i,h} \quad (5.49)$$

$$P'_{F,i,L} = P_h \quad (5.50)$$

分别将各个控制变量的抽样盲数各个样本的 N 种组合作用于系统，就可以将各个目标函数的性能指标的抽样盲数的各个准样本全部得到。

将每一个目标函数的性能指标的各个准样本按照其值从小到大的顺序排列，并对各个样本的序号重新排序，就得到了最终的抽样盲数，比如对于第 i 个目标函数的性能指标，其最终的抽样盲数为 $\breve{f}_i$，这个过程称为规格化。

5.3.3 抽样盲数的降阶计算

在许多应用场合，作用于系统后得到的各个目标函数的性能指标抽样盲数的阶数太高，会影响使用，为此需要对高阶抽样盲数进行降阶处理。

下面说明 H 阶抽样盲数 $\breve{y}^{<H>}$ 降为 Z 阶抽样盲数 $\breve{y}^{<Z>}$ 的方法（$H > Z$）。

首先将 $\breve{y}^{<H>}$ 在取值的置信区间内分为 Z 段，对于第 i 段，其范围为 $[Y_{<i>}, Y_{<i+1>}]$，则 $\breve{y}^{<Z>}$ 的第 i 个样本的可能性 $P_{Y,L}^{<Z>}$ 为

$$P_{Y,i}^{<Z>} = \sum_{j \in [Y_{<i>} \leqslant Y_j^{<H>} \text{且} Y_j^{<H>} \leqslant Y_{<i+1>}]} P_{Y,j}^{<H>} \tag{5.51}$$

抽样盲数 $\breve{y}^{<Z>}$ 第 i 个样本的值 $Y_i^{<Z>}$ 为

$$Y_i^{<Z>} = \frac{\sum\limits_{j \in [Y_{<i>} \leqslant Y_j^{<H>} \text{且} Y_j^{<H>} \leqslant Y_{<i+1>}]} Y_j^{<H>} P_{Y,j}^{<H>}}{P_{Y,i}^{<Z>}} \tag{5.52}$$

根据式（5.51）和式（5.52）可以得出 $\breve{y}^{<Z>}$ 的各个样本的值和可能性，从而最终确定 Z 阶抽样盲数 $\breve{y}^{<Z>}$。

例如，对于图 5.7 所示的 20 阶抽样盲数 $\breve{u}^{<20>}$，在区间 $[0, 3.792]$ 等分为 4 段，合并为 4 阶抽样盲数 $\breve{u}^{<4>}$，其谱图如图 5.8 所示。

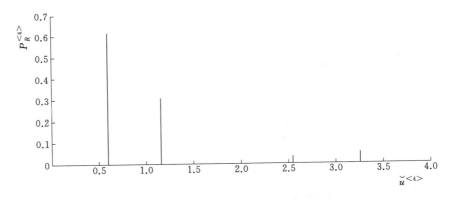

图 5.8 20 抽样阶盲数 $\breve{u}^{<20>}$ 合并为 4 阶抽样盲数 $\breve{u}^{<4>}$ 的谱图

5.3.4 置信区间及其概率计算

作用于系统后得到的第 i 个目标函数的性能指标抽样盲数 $\breve{f}_i^{<N>}$ 的数学期望（即均值）$\overline{f}_i$ 为

$$\overline{f}_i = \sum_{j=1}^{N} P_{F,i,j}^{<N>} F_{i,j}^{<N>} \tag{5.53}$$

第 i 个目标函数的性能指标抽样盲数 $\breve{f}_i^{<N>}$ 的双侧置信区间的估计方法为：以 $\overline{f}_i$ 为界，将 $\breve{f}_i^{<N>}$ 分为左右 2 个部分，分别从左半部分最左侧和右半部分最右侧除去相同数量的样本（比如 w 个），除去的样本的总可能性 P_a 为

$$P_a = \sum_{j=1}^{w} P_{F,i,j}^{<N>} + \sum_{j=1}^{w} P_{F,i,(N-j)}^{<N>} \tag{5.54}$$

剩下部分的总可能性 P_{1-a} 为

$$P_{1-a} = 1 - P_a \tag{5.55}$$

除去 w 个样本后的抽样盲数 $\breve{f}_i^{<N>}$ 最左边的样本值设为 $F_{i,w}^{<N>}$，其相邻样本值为 $F_{i,w-1}^{<N>}$，最右边样本值设为 $F_{i,N-w+1}^{<N>}$，相邻样本值为 $F_{i,N-w}^{<N>}$。设为 F_i 在置信度 P_{1-a} 时对应的置信区间为 $[F_i^-,\ F_i^+]$，以左侧为例，左边除去 w 个样本后，$F_{i,w-1}^{<N>}$、F_i^- 和 $F_{i,w}^{<N>}$ 近似构成直角梯形，如图 5.9 所示。

由相似三角形定理，F_i^- 可以用下式确定

$$(F_i^- - F_{i,w-1}^{<N>}) P_{F,i,w}^{<N>} = (F_{i,w}^{<N>} - F_i^-) P_{F,i,w-1}^{<N>} \tag{5.56}$$

即

$$F_i^- = \frac{F_{i,w-1}^{<N>} P_{F,i,w}^{<N>} + F_{i,w}^{<N>} P_{F,i,w-1}^{<N>}}{P_{F,i,w}^{<N>} + P_{F,i,w-1}^{<N>}} \tag{5.57}$$

同理，有

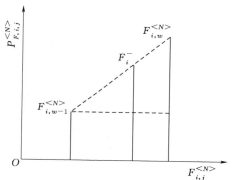

图 5.9 $F_{i,w-1}^{<N>}$、F_i^- 和 $F_{i,w}^{<N>}$ 围成的图形

$$F_i^+ = \frac{F_{i,N-w+1}^{<N>} P_{F,i,N-w}^{<N>} + F_{i,N-w}^{<N>} P_{F,i,N-w+1}^{<N>}}{P_{F,i,N-w}^{<N>} + P_{F,i,N-w+1}^{<N>}} \tag{5.58}$$

改变 w 的取值可以得到不同置信度对应的置信区间。

预测结果抽样盲数 $\breve{f}_i^{<N>}$ 的单侧置信区间的估计与上述方法类似，不再赘述。

5.3.5 实例分析

这里以电力负荷预测和瓦斯灾害不确定性预测两个工程实际问题为例，说明基于抽样盲数的不确定性分析方法的实际应用。

5.3.5.1 基于抽样盲数的不确定性分析方法在电力负荷预测中的应用

假设需要对 S 省下一年度电量（y）进行预测。选择省内 GDP 总值（x_1）和省内第一产业总值（x_2）为相关影响因素，且预测年 x_1 和 x_2 的不确定性呈非正态分布。y、x_1 和 x_2 的单位分别为亿 kW·h、亿元和亿元。

采用 6 阶抽样盲数反映影响因素 x_1 的不确定性，采用 5 阶抽样盲数反映影响因素 x_2 的不确定性。把 $\hat{x}_1$ 在其置信区间内等分成 6 段，把 $\hat{x}_2$ 在其置信区间内等分成 5 段，再把 $\hat{x}_1$ 表示成 6 阶抽样盲数 $b(x_1)$ 和 $\hat{x}_2$ 表示成 5 阶抽样盲数 $b(x_2)$，分别见表 5.7 和表 5.8。

表 5.7　　　　　　　　　　　　　$b(x_1)$ 的各个样本

$X_{1,L}$/亿元	101.88	105.97	110.26	114.20	118.89	121.08
$P_{1,L}$	0.1203	0.2082	0.1828	0.1096	0.3561	0.0030

表 5.8　　　　　　　　　　　　　$b(x_2)$ 的各个样本

$X_{2,L}$/亿元	35.23	40.19	43.35	47.97	50.06
$P_{2,L}$	0.1792	0.2340	0.1607	0.2111	0.1930

它们经过组合后共有 30 组输入数据，忽略负荷预测器本身的不确定性，将得到一个阶数为 $N = 30$ 的负荷预测结果抽样盲数 $b(y)$，各个样本的可信度按照条件概率的方法计算得出，样本的负荷值选用有一个隐含层，隐单元的神经元数目为 25 的双输入单输出的三层 BP 网络进行预测，结果见表 5.9。

表 5.9　　　　　　　　　　　　　$b(y)$ 的各个样本

$\hat{y}_h$/(亿 kW·h)	12.00	12.32	12.44	12.26	12.33	12.30	12.37	12.38	12.46	13.05
$P_{y,h}$	0.0216	0.02815	0.01933	0.02540	0.02322	0.03731	0.04872	0.03346	0.04395	0.04018
$\hat{y}_h$/(亿 kW·h)	12.33	12.45	12.40	12.59	13.13	12.08	12.46	12.47	12.87	12.80
$P_{y,h}$	0.0328	0.04278	0.02938	0.03859	0.03528	0.01964	0.02565	0.01761	0.02314	0.02115
$\hat{y}_h$/(亿 kW·h)	12.37	12.40	12.46	12.92	13.23	12.31	12.44	12.47	12.51	12.68
$P_{y,h}$	0.0638	0.08333	0.05722	0.07517	0.06873	0.0005376	0.000702	0.0004821	0.0006333	0.000579

可以计算出负荷预测结果的数学期望（即均值）$\bar{y} = 12.04$。

以 $\bar{y}$ 为界，将负荷预测结果抽样盲数 $b(y)$ 分为左右两个部分，分别从左半部分最左侧和右半部分最右侧除去 1 个样本（即 $w = 1$），则可以得出剩下部分的总置信度 $P_{1-\alpha} = 0.98$，对应的置信区间为：$y_1^- = 12.14$，$y_1^+ = 12.60$。

下面将 30 阶的抽样盲数 $b(y)$ 表示的负荷预测结果合并为 4 阶（即 $q = 4$）抽样盲数 $b(Y)$，首先将 $\hat{y}$ 在区间 $[\hat{y}_1, \hat{y}_{30}]$ 内等分为 4 段，然后求出各段的可信度和区间均值，即得到 $b(Y)$，见表 5.10。

表 5.10　　　　　　　　　　　　　$b(Y)$ 的各个样本

Y_L/(亿 kW·h)	12.18	12.42	12.88	13.15
$P_{y,L}$	0.1044	0.5898	0.1200	0.1442

图 5.10 所示为用抽样盲数表示的 x_1、x_2、y 和 Y 的概率分布。

5.3.5.2　基于抽样盲数的不确定性分析方法在瓦斯灾害不确定性预测中的应用

煤炭行业由于资源赋存条件特殊、工作环境恶劣等因素，面临着十分严峻的安全生产问题。造成我国煤矿瓦斯事故的原因是多方面的，其中一个主要原因是发生煤矿瓦斯事故之前，对瓦斯事故形成的规律和趋势还没有完全掌握。在煤矿瓦斯灾害中，由煤体中瓦斯含量、煤层中瓦斯压力、地应力等造成的煤与瓦斯突出是矿井生产过程中最主要的瓦斯灾害之一，科学的煤与瓦斯突出预测方法不仅是突出防治工作的基础，还可以指导人们更加合理地应用防突措施、解危措施并节约防突工程的费用，这对瓦斯事故的预防和矿井生产具有重要的现实意义。

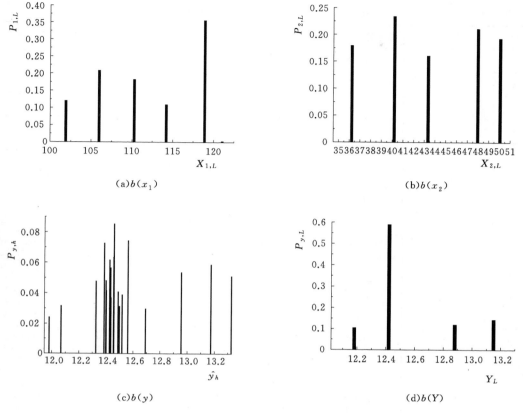

图 5.10　用抽样盲数表示的 x_1、x_2、y 和 Y 的概率分布

煤与瓦斯突出和瓦斯涌出量的影响因素众多，在许多煤与瓦斯突出（或瓦斯涌出量）的预测研究文献中往往把预测器的输入变量作为确定性的。但是实际上这些输入变量也存在一定的不确定性，例如对于瓦斯压力（P）、瓦斯放散初速度（Δp）、煤的坚固性系数（f）等的测量往往是通过煤层局部采样（如打孔等），再通过仪器测定、计算得到，对于整个煤层具有不确定性，对于其测量过程同样具有不确定性。

实际中影响煤与瓦斯突出（或瓦斯涌出量）的各个变量不一定都符合正态分布，并且考虑到预测器自身的非线性，即使各个输入变量都符合正态分布，其预测结果也不符合正态分布。因此需要采用基于抽样盲数的不确定性分析方法进行煤与瓦斯突出预测。

1. 基于抽样盲数的煤与瓦斯突出不确定性预测

在实际应用中，常采用基于人工神经网络的煤与瓦斯突出预测器，本实例数据采用文献［15］中的 26 组样本，取 23 组作为训练样本，剩余 3 组样本作为检验样本（24～26），见表 5.11。

参照文献［16］的方法将样本中煤与瓦斯突出的 4 个级别 A、B、C、D 分别量化在 0.00～0.25、0.25～0.50、0.50～0.75 和 0.75～1.00 这 4 个无量纲的数值区间内。

所采用的煤与瓦斯突出预测器为具有 3 层结构的 BP 神经网络，其输入层为与煤与瓦斯突出重要影响的 5 个相关因素，即瓦斯压力 x_1、瓦斯放散初速度 x_2、煤的坚固性系数 x_3、开采深度 x_4、地质破坏程度 x_5。

表 5.11　　　　　　　　　　　煤与瓦斯突出预测的训练样本和检验样本

序号	瓦斯压力/MPa	放散速度/mmHg	坚固性系数	开采深度/m	地质破坏程度	突出级别
1	2.75	19.00	0.31	620	5	0.800（D）
2	0.95	6.00	0.24	455	5	0.300（B）
3	3.95	14.00	0.24	552	3	0.400（B）
4	1.20	18.00	0.16	462	3	0.400（B）
5	1.17	5.00	0.61	395	1	0.100（A）
6	1.25	8.00	0.36	745	3	0.600（C）
7	2.80	8.00	0.59	425	3	0.400（B）
8	2.00	7.00	0.48	460	1	0.200（A）
9	3.95	14.00	0.22	543	3	0.850（D）
10	2.90	4.00	0.51	442	5	0.820（D）
11	1.40	6.00	0.42	426	3	0.810（D）
12	1.40	4.00	0.58	428	3	0.100（A）
13	2.16	14.00	0.34	510	4	0.350（B）
14	0.95	6.00	0.24	455	3	0.600（C）
15	1.05	4.80	0.60	477	2	0.150（A）
16	2.39	11.00	0.28	515	3	0.400（B）
17	1.65	9.00	0.35	706	4	0.650（C）
18	3.86	13.00	0.32	588	5	0.900（D）
19	1.17	8.60	0.40	568	4	0.650（C）
20	3.80	12.00	0.21	660	2	0.850（D）
21	2.16	14.00	0.58	485	4	0.450（B）
22	2.40	8.00	0.42	519	1	0.400（B）
23	0.74	7.40	0.37	740	4	0.650（C）
24	1.40	3.00	0.51	400	3	0.100（A）
25	3.95	6.00	0.54	543	5	0.825（D）
26	1.65	4.00	0.53	438	2	0.150（A）

注　1mmHg＝133.322Pa。

人工神经网络隐层网络节点数进行优化后确定为 22 个。输出层节点为煤与瓦斯突出预测结果 y。为了避免饱和抑制现象，对神经网络预测器的输入和输出样本进行归一化处理，使之在［0，1］范围。计算预测结果时再反归一化。

（1）预测器输入变量的抽样盲数表示。输入变量 $x_1 \sim x_5$ 的概率分布可在现场多次采样，获取大量样本后，根据其频率分布直方图确定。

现对于各个检验样本，采用 5 阶抽样盲数反映影响因素 $x_1 \sim x_4$ 的不确定性，而对于地质破坏程度 x_5，采用 3 阶抽样盲数反映。现对于输入变量 $x_1 \sim x_5$ 的估计值的概率分作如下估计：

1）设 x_1，x_2 的取值误差在某一范围内服从正态分布，即误差 $\hat{\varepsilon}_i \sim N$ (μ, σ) $(i=1, 2)$，则估计值 $\hat{x}_i (i=1, 2)$ 在置信度为 $(1-\alpha)\%$ 下的置信区间为 $\hat{x}_i \in$ $[\bar{\hat{x}}_i - \mu - \beta \hat{\sigma}_i, \bar{\hat{x}}_i - \mu + \beta \hat{\sigma}_i]$，由正态分布的 3σ 准则在 99.73% 置信度下，$\beta = 3$。μ、σ 的取值依据 x_1、x_2 对应的训练样本观察后，进行估计。

2）设 x_3 的估计值 $\hat{x}_3$ 服从式（5.59）的概率密度函数，即

$$P(\hat{x}_3) = \begin{cases} \dfrac{-(\hat{x}_3 - \alpha)(\hat{x}_3 - \beta)}{\omega} & (\hat{x}_3 \in [\alpha, \beta]) \\ 0 & (\text{其他}) \end{cases} \tag{5.59}$$

ω 可由式（5.60）计算得到。$\hat{x}_3$ 的取值区间为 $[\alpha, \beta]$，α、β 的取值依据 x_3 的训练样本观察后，进行估计。

$$\int_{-\infty}^{+\infty} \hat{x}_3 P(\hat{x}_3) \mathrm{d}\hat{x}_3 = 1 \tag{5.60}$$

3）设 x_4 的估计值 $\hat{x}_4$ 服从式（5.61）的概率密度函数，即

$$P(\hat{x}_4) = \begin{cases} \dfrac{1}{(\alpha - \beta)} & (\hat{x}_4 \in [\alpha, \beta]) \\ 0 & (\text{其他}) \end{cases} \tag{5.61}$$

$\hat{x}_4$ 的取值区间为 $[\alpha, \beta]$，α、β 的取值依据 x_4 的训练样本观察后，进行估计。

4）x_5（即地质破坏程度）是具有 5 个程度等级的离散量，一般可以认为取估计值的可能性为 80%，而取其相邻的两个程度的可能性分别为 10%，因此采用 3 阶抽样盲数来表示。

以表 5.11 中检验样本序号为 25 的样本为例，参照上述方法对于对 $x_1 \sim x_5$ 的估计值的概率分布进行估计。

对于 x_1、x_2，观察训练样本后，取该样本值为 $\hat{x}_1$、$\hat{x}_2$ 的均值，对应的方差估计值分别为 $\sigma_1 = 0.3$，$\sigma_2 = 0.6$。

同理，$\hat{x}_3$ 的取值区间估计为 $[0.44, 0.64]$；$\hat{x}_4$ 的取值区间估计为 $[498, 588]$；对于输入变量 x_5，设估计值取 3 和 4 分别以 10% 的概率分布在取值为 5 的两侧。

取显著水平 $\alpha = 0.0027$，$x_1 \sim x_5$ 的估计值的参数和置信区间见表 5.12。

表 5.12　　　　　　　　　　　输入变量估计值的方差及置信区间

$x_i (i=1 \sim 4)$	x_1/MPa	x_2/mmHg	x_3	x_4/m
样本值	3.95	6.0	0.54	543
参数	$\sigma_1 = 0.3$	$\sigma_2 = 0.6$	$\alpha = 0.44, \beta = 64$	$\alpha = 498, \beta = 588$
置信区间	$[3.05, 4.85]$	$[4.2, 7.8]$	$[0.36, 0.72]$	$[498, 588]$

采用 5 阶抽样盲数反映影响因素 $x_1 \sim x_4$ 的不确定性，把 $\hat{x}_1 \sim \hat{x}_4$ 在其置信区间内等分

成5段，采用3阶抽样盲数反映影响因素 x_5 的不确定性，再把 $\hat{x}_1 \sim \hat{x}_5$ 分别表示成各个抽样盲数 $s(\hat{x}_1) \sim s(\hat{x}_5)$。各抽样盲数分别见表5.13～表5.17。

表 5.13 $s(\hat{x}_1)$ 的各个样本

$X_{1,L}$(MPa)	3.2858	3.6217	3.9500	4.2782	4.6142
$P_{1,L}$	0.0305	0.2362	0.4647	0.2362	0.0305

表 5.14 $s(\hat{x}_2)$ 的各个样本

$X_{2,L}$/mmHg	4.6316	5.3016	5.9560	6.60931	7.2767
$P_{2,L}$	0.0258	0.2154	0.4611	0.2583	0.0372

表 5.15 $s(\hat{x}_3)$ 的各个样本

$X_{3,L}$	0.3990	0.47067	0.5400	0.6093	0.6809
$P_{3,L}$	0.0223	0.2297	0.4950	0.2297	0.0223

表 5.16 $s(\hat{x}_4)$ 的各个样本

$X_{4,L}$/m	508.91	526.19	543.00	559.81	577.09
$P_{4,L}$	0.0267	0.2337	0.4778	0.2337	0.0267

表 5.17 $s(\hat{x}_5)$ 的各个样本

$X_{5,L}$	3	5	4
$P_{5,L}$	0.1	0.8	0.1

依次对各个检验样本（序号为24～26号）按照上述方法进行处理，得到抽样盲数 $\breve{x}_1^{<5>} \sim \breve{x}_5^{<5>}$ 分别见表5.18。

表 5.18   检验样本的抽样盲数

序号	抽样盲数	$X_{i,1}^{<5>}$	$X_{i,2}^{<5>}$	$X_{i,3}^{<5>}$	$X_{i,4}^{<5>}$	$X_{i,5}^{<5>}$
24	$X_1^{<5>}$/MPa	1.1595	1.2796	1.3957	1.5116	1.6314
	$P_{X_1}^{<5>}$	0.0194	0.2161	0.4966	0.2426	0.0245
25	$X_1^{<5>}$/MPa	3.2858	3.6217	3.9500	4.2782	4.6142
	$P_{X_1}^{<5>}$	0.0305	0.2362	0.4647	0.2362	0.0305
26	$X_1^{<5>}$/MPa	1.4129	1.5359	1.6542	1.7728	1.8962
	$P_{X_1}^{<5>}$	0.0214	0.2394	0.5093	0.2126	0.0168
24	$X_2^{<5>}$/mmHg	2.2868	2.6478	3.0000	3.3523	3.7132
	$P_{X_2}^{<5>}$	0.0295	0.2356	0.4680	0.2356	0.0295
25	$X_2^{<5>}$/mmHg	4.6316	5.3016	5.9560	6.6093	7.2767
	$P_{X_2}^{<5>}$	0.0258	0.2154	0.4611	0.2583	0.0372
26	$X_2^{<5>}$/mmHg	3.2951	3.6533	4.0000	4.3466	4.7049
	$P_{X_2}^{<5>}$	0.0223	0.2297	0.4950	0.2297	0.0223

序号	抽样盲数	$X_{i,1}^{<5>}$	$X_{i,2}^{<5>}$	$X_{i,3}^{<5>}$	$X_{i,4}^{<5>}$	$X_{i,5}^{<5>}$
24	$X_3^{<5>}$	0.4262	0.4613	0.5000	0.5387	0.5738
	$P_{X_3}^{<5>}$	0.1040	0.2480	0.2960	0.2480	0.1040
25	$X_3^{<5>}$	0.4392	0.4919	0.5500	0.6080	0.6608
	$P_{X_3}^{<5>}$	0.1040	0.2480	0.2960	0.2480	0.1040
26	$X_3^{<5>}$	0.4392	0.4919	0.5500	0.6081	0.6608
	$P_{X_3}^{<5>}$	0.1040	0.2480	0.2960	0.2480	0.1040
24	$X_4^{<5>}/m$	368.0800	384.0400	400.0000	415.9600	431.9200
	$P_{X_4}^{<5>}$	0.2000	0.2000	0.2000	0.2000	0.2000
25	$X_4^{<5>}/m$	507.0800	525.0400	543.0000	560.9600	578.9100
	$P_{X_4}^{<5>}$	0.2000	0.2000	0.2000	0.2000	0.2000
26	$X_4^{<5>}/m$	406.0800	422.0400	438.0000	453.9600	469.9200
	$P_{X_4}^{<5>}$	0.2000	0.2000	0.2000	0.2000	0.2000
24	$X_5^{<5>}$	2.0000	3.0000	4.0000	—	—
	$P_{X_5}^{<5>}$	0.1000	0.8000	0.1000	—	—
25	$X_5^{<5>}$	3.0000	5.0000	4.0000	—	—
	$P_{X_5}^{<5>}$	0.1000	0.8000	0.1000	—	—
26	$X_5^{<5>}$	1.0000	2.0000	3.0000	—	—
	$P_{X_5}^{<5>}$	0.1000	0.8000	0.1000	—	—

（2）煤与瓦斯突出预测结果及分析。对于每一个检验样本，将抽样盲数 $\breve{x}_1^{<5>} \sim \breve{x}_5^{<5>}$ 的各个样本对应的值进行组合，共有 $5 \times 5 \times 5 \times 5 \times 3 = 1875$ 组，分别将它们的组合作为训练好了的 BP 神经网络预测器的输入进行预测，预测结果经过规格化后得到一个 1875 阶的煤与瓦斯突出预测结果抽样盲数 $\breve{y}^{<1875>}$。

取置信度 $P_{1-\alpha} = 0.995$，可以得到各个检验样本以抽样盲数样本值的组合作为输入的煤与瓦斯突出预测结果的均值和置信区间。

例如，根据检验样本，序号为 25 的样本的抽样盲数作为输入，预测得到的煤与瓦斯突出预测结果的抽样盲数 $\breve{y}^{<1875>}$ 的谱图如图 5.11（a）所示。计算得到预测结果的均值为 $\bar{y} = 0.7878$，置信区间为 $[0.1837, 0.8897]$。

在实际应用中，需要知道预测结果在煤与瓦斯突出级别 A、B、C、D 上的概率分布情况，可知当各个输入变量分别取其抽样盲数各个样本对应值的不同的组合作为预测器的输入，在整个区间上所得到的预测结果的抽样盲数的阶数会迅速增加，可能会形成组合爆炸，因而这些中间结果的抽样盲数需要简化阶数，减少组合维数，以反映最终预测结果的不确定性。

现将所得到的 1875 阶抽样盲数 $\breve{y}^{<1875>}$ 在煤与瓦斯突出级别 A、B、C、D 所量化的 4 个数值区间上分为 4 段进行简化阶数，以考察预测结果在煤与瓦斯突出不同级别上的概率分布情况，故将抽样盲数 $\breve{y}^{<1875>}$ 在这 4 个数值区间上降阶为 4 阶抽样盲数 $\breve{y}^{<4>}$，所得到的谱图如图 5.11（b）所示。

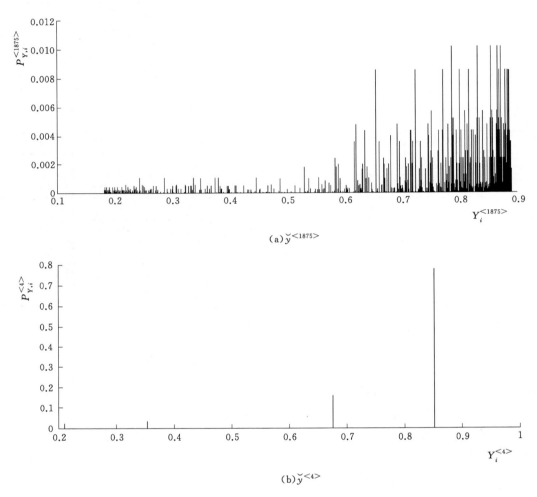

(a) $\breve{y}^{<1875>}$

(b) $\breve{y}^{<4>}$

图 5.11　检验样本 2 号的预测结果的抽样盲数谱图

图 5.11（a）所示的抽样盲数降为 4 阶抽样盲数后，其各段的可能性和区间均值如表 5.19 所示。

表 5.19　　　　　抽样盲数表示的煤与瓦斯各个突出级别的可能性和区间均值

煤与瓦斯突出级别	A	B	C	D
量化区间	0.00～0.25	0.25～0.50	0.50～0.75	0.75～1.00
$Y_i^{<4>}$	0.0229	0.0346	0.1609	0.7775
$P_{Y,i}^{<4>}$	0.2104	0.3539	0.6761	0.8514

由图 5.11（b）和表 5.19 可见，当输入变量的不确定性用抽样盲数表示后，预测结果的抽样盲数反映了煤与瓦斯突出各个级别的可能性的概率分布。

采用基于抽样盲数的估计方法对各个检验样本进行煤与瓦斯突出预测，并将预测结果与综合指标 D 与 K 预测方法进行比较，见表 5.20。

表 5.20 抽样盲数估计法和综合指标 D 与 K 法预测结果的比较

检验样本序号	实际突出类别	指标预测		采用抽样盲数预测结果							
				煤与瓦斯突出各个级别的区间均值				煤与瓦斯突出各个级别的可能性			
		D	K	$Y_1^{<4>}$	$Y_2^{<4>}$	$Y_3^{<4>}$	$Y_4^{<4>}$	A	B	C	D
24	A	有	无	0.1177	0.3476	0.6199	0.8337	0.9045	0.0389	0.0279	0.0260
25	D	有	无	0.2105	0.3540	0.6761	0.8514	0.0228	0.0346	0.1609	0.7775
26	A	有	无	0.1138	0.3313	0.5982	0.7651	0.9893	0.0060	0.0028	0.0005

由表 5.20 可见，采用综合指标 D 与 K 方法进行预测出现了误判，而抽样盲数估计法的预测结果准确合理。例如，表 5.20 中检验样本序号为 1 的样本，按照综合指标 D 方法预测有突出而综合指标 K 方法预测无突出，采用抽样盲数估计法预测得到煤与瓦斯突出级别在 A 级别的可能性概率为 0.9045，而实际煤与瓦斯突出级别为 A 级别，与实际结果符合。

由表 5.20 还可见，预测结果反映了煤与瓦斯突出各个级别的可能性概率分布，较仅采用 4 个级别量化所得 4 个期望输出进行比较判别，更加合理。

2. 基于抽样盲数的瓦斯涌出量不确定性预测

在实际应用中，往往采用基于 SVM 的瓦斯涌出量预测器，本示例的数据采用文献 [17] 中的 18 组样本，取 15 组作为训练样本，剩余 3 组样本作为检验样本（16～18），见表 5.21。

表 5.21 回采工作面瓦斯涌出量与影响因素数据统计

样本序号	x_1/m	x_2/m	$x_3/(m^3/t)$	x_4/m	$x_5/(m/d)$	$x_6/(t/d)$	$y/(m^3/min)$
1	408	2.0	1.92	20	4.42	1825	3.34
2	411	2.0	2.15	22	4.16	1527	2.97
3	420	1.8	2.14	19	4.13	1751	3.56
4	432	2.3	2.58	17	4.67	2078	3.62
5	456	2.2	2.40	20	4.51	2104	4.17
6	516	2.8	3.22	12	3.45	2242	4.60
7	527	2.5	2.80	11	3.28	1979	4.92
8	531	2.9	3.35	13	3.68	2288	4.78
9	550	2.9	3.61	14	4.02	2352	5.23
10	563	3.0	3.68	12	3.53	2410	5.56
11	590	5.9	4.21	18	2.85	3139	7.24
12	604	6.2	4.03	16	2.64	3354	7.80
13	607	6.1	4.34	17	2.77	3087	7.68
14	634	6.5	4.80	15	2.92	3620	8.51
15	640	6.3	4.67	15	2.75	3412	7.95

续表

样本序号	x_1/m	x_2/m	x_3/(m³/t)	x_4/m	x_5/(m/d)	x_6/(t/d)	y/(m³/min)
16	450	2.2	2.43	16	4.32	1996	4.06
17	544	2.7	3.16	13	3.81	2207	4.92
18	629	6.4	4.62	19	2.80	3456	8.04

采用基于 SVM 的瓦斯涌出量预测器，SVM 的参数采用 LIBSVM 工具箱默认参数，即平衡参数 $C=1$，不敏感损失函数 $\varepsilon=0.01$ 和核函数参数 $\sigma=1$。其输入层为与瓦斯涌出量 6 个重要影响因素，即煤层深度 x_1、煤层厚度 x_2、煤层瓦斯含量 x_3、煤层间距 x_4、日进度 x_5、日产量 x_6。

预测器输出为瓦斯涌出量的预测结果 y。为了避免饱和抑制现象，对 SVM 预测器的输入和输出样本进行归一化处理，使之在 [0，1] 范围。计算预测结果时再反归一化。

（1）SVM 预测器输入变量的抽样盲数表示。输入变量存在着多种不确定性，在实际工程中其数值落在某一范围内比一个确定的数值更合理。输入变量 $x_1 \sim x_6$ 的概率分布可在现场多次采样，获取大量样本后，根据其频率分布直方图确定。

现对于各个检验样本，采用 5 阶抽样盲数反映影响因素 $x_1 \sim x_6$ 的不确定性。对于输入变量 $x_1 \sim x_6$ 的估计值的概率分作如下估计：

1）设 x_1、x_2 的取值误差在某一范围内服从正态分布，即误差 $\hat{\varepsilon}_i \sim N(\mu_i, \sigma_i)$（$i=1, 2$），则估计值 $\hat{x}_i$（$i=1, 2$）在置信度为 $(1-\alpha)\%$ 下的置信区间为 $\hat{x}_i \in [\bar{x}_i - \mu_i - \beta\hat{\sigma}_i, \bar{x}_i - \mu_i + \beta\hat{\sigma}_i]$，由正态分布的 3σ 准则在 99.73% 置信度下，$\beta=3$。μ_i、σ_i 的取值依据 x_1、x_2 对应的训练样本观察后，进行估计。

2）设 x_3 和 x_4 的估计值 $\hat{x}_3$、$\hat{x}_4$ 服从式（5.62）的概率密度函数，即

$$P(\hat{x}_i) = \begin{cases} \dfrac{-(\hat{x}_i-\alpha)(\hat{x}_i-\beta)}{\omega} & (\hat{x}_i \in [\alpha,\beta], i=3,4) \\ 0 & (其他) \end{cases} \tag{5.62}$$

ω 可由式（5.63）计算得到。$\hat{x}_i$ 的取值区间为 $[\alpha, \beta]$，α、β 的取值分别依据 x_3 和 x_4 的训练样本观察后，进行估计。

$$\int_{-\infty}^{+\infty} P(\hat{x}_i)\mathrm{d}\hat{x}_i = 1 \tag{5.63}$$

3）设 x_5、x_6 的估计值 $\hat{x}_j$ 服从式（5.64）的概率密度函数，即

$$P(\hat{x}_j) = \begin{cases} \dfrac{1}{\beta-\alpha} & (\hat{x}_j \in [\alpha,\beta], j=5,6) \\ 0 & (其他) \end{cases} \tag{5.64}$$

$\hat{x}_j$ 的取值区间为 $[\alpha, \beta]$，α、β 的取值依据 x_j 的训练样本观察后，进行估计。

以表 5.21 中检验样本序号为 1 的样本为例，参照上述方法对于输入变量 $x_1 \sim x_6$ 的估计值的概率分布进行估计。

对于 x_1、x_2，观察训练样本后，取该样本值为 $\hat{x}_1$、$\hat{x}_2$ 的均值，对应的方差估计值分

别为 $\sigma_1 = 20$，$\sigma_2 = 0.1$。

对于 x_3、x_4，观察训练样本后，$\hat{x}_3$ 的取值区间估计为 $[2.23，2.62]$，$\hat{x}_4$ 的取值区间估计为 $[13，19]$。

对于 x_5、x_6，观察训练样本后，$\hat{x}_5$ 的取值区间估计为 $[3.52，5.12]$，$\hat{x}_6$ 的取值区间估计为 $[1496，2496]$。

取显著水平 $\alpha = 0.0027$，$x_1 \sim x_6$ 的估计值的参数和置信区间见表5.22。

表 5.22 　　　　　　　　　　　　输入变量估计值的方差及置信区间

$x_i(i=1\sim4)$	x_1/m	x_2/m	$x_3/(\text{m}^3/\text{t})$	x_4/m	$x_5/(\text{m/d})$	$x_6/(\text{t/d})$
样本值	450	2.2	2.43	16	4.32	1996
估计值的参数	$\sigma_1=20$	$\sigma_2=0.1$	$\alpha=2.23$，$\beta=2.63$	$\alpha=13$，$\beta=19$	$\alpha=3.52$，$\beta=5.12$	$\alpha=1496$，$\beta=2496$
置信区间	$[390，510]$	$[1.8，2.5]$	$[2.22，2.62]$	$[12.96，18.95]$	$[3.52，5.12]$	$[1496，2496]$

采用5阶抽样盲数反映影响因素 $x_1 \sim x_6$ 的不确定性，把 $\hat{x}_1 \sim \hat{x}_6$ 在其置信区间内等分成5段，再把 $\hat{x}_1 \sim \hat{x}_6$ 分别表示成各个抽样盲数 $s(\hat{x}_1) \sim s(\hat{x}_6)$。各抽样盲数分别见表5.23～表5.28。

表 5.23 　　　　　　　　　　　　$s(\hat{x}_1)$ 的各个样本

$X_{1,L}/\text{m}$	406.90	428.66	450.00	471.33	493.09
$P_{1,L}$	0.0346	0.2383	0.4515	0.2383	0.0346

表 5.24 　　　　　　　　　　　　$s(\hat{x}_2)$ 的各个样本

$X_{2,L}/\text{m}$	1.9845	2.0933	2.2000	2.3066	2.4154
$P_{2,L}$	0.0346	0.2383	0.4514	0.2383	0.0346

表 5.25 　　　　　　　　　　　　$s(\hat{x}_3)$ 的各个样本

$X_{3,L}/(\text{m}^3/\text{t})$	2.2823	2.352	2.4300	2.5074	2.5776
$P_{3,L}$	0.1040	0.2480	0.2960	0.2480	0.1040

表 5.26 　　　　　　　　　　　　$s(\hat{x}_4)$ 的各个样本

$X_{4,L}/\text{m}$	13.784	14.838	16.000	17.161	18.215
$P_{4,L}$	0.1040	0.2480	0.2960	0.2480	0.1040

表 5.27 　　　　　　　　　　　　$s(\hat{x}_5)$ 的各个样本

$X_{5,L}/(\text{m/d})$	3.6800	4.0000	4.3200	4.6400	4.9600
$P_{5,L}$	0.2000	0.2000	0.2000	0.2000	0.2000

表 5.28 　　　　　　　　　　　　$s(\hat{x}_6)$ 的各个样本

$X_{6,L}/(\text{t/d})$	1596	1796	1996	2196	2396
$P_{6,L}$	0.2000	0.2000	0.2000	0.2000	0.2000

依次对各个检验样本（1～3 号）按照上述方法进行处理，得到抽样盲数 $\breve{x}_1^{<5>} \sim \breve{x}_6^{<5>}$，见表 5.29。

表 5.29 检验样本的抽样盲数

序号	抽样盲数	$X_{i,1}^{<5>}$	$X_{i,2}^{<5>}$	$X_{i,3}^{<5>}$	$X_{i,4}^{<5>}$	$X_{i,5}^{<5>}$
16	$X_1^{<5>}/m$	406.90	428.66	450.00	471.33	493.09
	$P_{X_1}^{<5>}$	0.0346	0.2383	0.4515	0.2383	0.0346
17	$X_1^{<5>}/m$	500.90	522.66	544.00	565.33	587.09
	$P_{X_1}^{<5>}$	0.0346	0.2383	0.4515	0.2383	0.0346
18	$X_1^{<5>}/m$	585.90	607.66	629.00	650.33	672.09
	$P_{X_1}^{<5>}$	0.0346	0.2383	0.4515	0.2383	0.0346
16	$X_2^{<5>}/m$	1.9845	2.0933	2.2000	2.3066	2.4154
	$P_{X_2}^{<5>}$	0.0346	0.2383	0.4514	0.2383	0.0346
17	$X_2^{<5>}/m$	2.2690	2.4866	2.7000	2.9133	7.0464
	$P_{X_2}^{<5>}$	0.0346	0.2383	0.4514	0.2383	0.0346
18	$X_2^{<5>}/m$	5.7535	6.0799	6.4000	6.7200	7.0464
	$P_{X_2}^{<5>}$	0.0346	0.2383	0.4514	0.2383	0.0346
16	$X_3^{<5>}/(m^3/t)$	2.2823	2.352	2.4300	2.5074	2.5776
	$P_{X_3}^{<5>}$	0.1040	0.2480	0.2960	0.2480	0.1040
17	$X_3^{<5>}/(m^3/t)$	3.0123	3.0825	3.1600	3.2374	3.3076
	$P_{X_3}^{<5>}$	0.1040	0.2480	0.2960	0.2480	0.1040
18	$X_3^{<5>}/(m^3/t)$	4.3984	4.5038	4.6200	4.7361	3.3076
	$P_{X_3}^{<5>}$	0.1040	0.2480	0.2960	0.2480	0.1040
16	$X_4^{<5>}/m$	13.784	14.838	16.000	17.161	18.215
	$P_{X_4}^{<5>}$	0.1040	0.2480	0.2960	0.2480	0.1040
17	$X_4^{<5>}/m$	10.784	11.838	13.000	14.161	15.215
	$P_{X_4}^{<5>}$	0.1040	0.2480	0.2960	0.2480	0.1040
18	$X_4^{<5>}/m$	15.307	17.064	19.000	20.935	22.692
	$P_{X_4}^{<5>}$	0.1040	0.2480	0.2960	0.2480	0.1040
16	$X_5^{<5>}/(m/d)$	3.6800	4.0000	4.3200	4.6400	4.9600
	$P_{X_5}^{<5>}$	0.2000	0.2000	0.2000	0.2000	0.2000
17	$X_5^{<5>}/(m/d)$	3.1700	3.4900	3.8100	4.1300	4.4500
	$P_{X_5}^{<5>}$	0.2000	0.2000	0.2000	0.2000	0.2000
18	$X_5^{<5>}/(m/d)$	1807	2007	2207	2407	2607
	$P_{X_5}^{<5>}$	0.2000	0.2000	0.2000	0.2000	0.2000
16	$X_6^{<5>}/(t/d)$	1596	1796	1996	2196	2396
	$P_{X_6}^{<5>}$	0.2000	0.2000	0.2000	0.2000	0.2000

序号	抽样盲数	$X_{i,1}^{<5>}$	$X_{i,2}^{<5>}$	$X_{i,3}^{<5>}$	$X_{i,4}^{<5>}$	$X_{i,5}^{<5>}$
17	$X_6^{<5>}/(\text{t/d})$	2.1600	2.4800	2.8000	3.1200	3.4400
	$P_{X_6}^{<5>}$	0.2000	0.2000	0.2000	0.2000	0.2000
18	$X_6^{<5>}/(\text{t/d})$	3056	3256	3456	3656	2607
	$P_{X_6}^{<5>}$	0.2000	0.2000	0.2000	0.2000	0.2000

（2）瓦斯涌出量预测结果及分析。对于每一个检验样本，将其抽样盲数 $\breve{x}_1^{<5>} \sim \breve{x}_6^{<5>}$ 的各个样本对应的值进行组合，共有 $5 \times 5 \times 5 \times 5 \times 5 \times 5 = 15625$ 组，分别将它们的组合作为训练好了的 SVM 预测器的输入进行预测，经过规格化后得到一个 15625 阶的瓦斯涌出量预测结果的抽样盲数 $\breve{y}^{<15625>}$。

取置信度 $P_{1-\alpha} = 0.9985$，可以得到各个检验样本以抽样盲数样本值的组合作为输入的瓦斯涌出量预测结果的均值和置信区间。

例如，根据表 5.21 检验样本序号为 16 的样本的抽样盲数作为输入，预测所得到的瓦斯涌出量预测结果的抽样盲数 $\breve{y}^{<15625>}$ 的谱图如图 5.12（a）所示。可以计算得到预测结果的均值为 $\overline{y} = 4.02$，置信区间为 $[2.9178, 5.2334]$。

图 5.12（a）所示的抽样盲数降为 5 阶抽样盲数后，其谱图如图 5.12（b）所示，其各段的可能性和区间均值见表 5.30。

表 5.30　　　　　　**抽样盲数表示的各个瓦斯涌出量的区间均值和可能性**

抽样盲数	$\breve{y}^{<5>}$				
$Y_i^{<5>}/(\text{m}^3/\text{min})$	3.1832	3.6138	4.0327	4.4384	4.8513
$P_{Y,i}^{<5>}$	0.0382	0.2335	0.4319	0.2395	0.0513

由图 5.12（b）和表 5.30 可见，当输入变量的不确定性用抽样盲数表示后，预测结果的抽样盲数反映了瓦斯涌出量在置信区间内的可能性的概率分布。

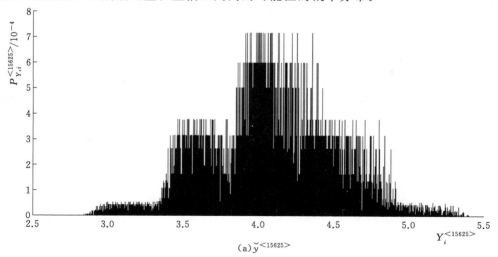

(a) $\breve{y}^{<15625>}$

图 5.12（一）　检验样本 16 的预测结果的抽样盲数谱图

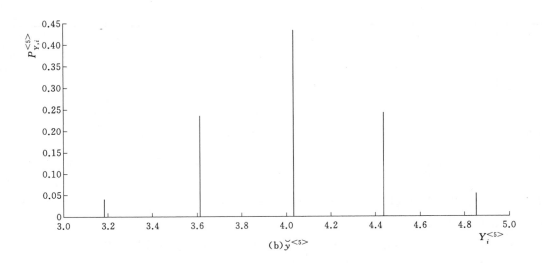

(b) $\breve{y}^{<5>}$

图 5.12（二）　检验样本 16 的预测结果的抽样盲数谱图

采用基于抽样盲数的估计方法对各个检验样本进行瓦斯涌出量预测，预测结果见表 5.31。

表 5.31　　　　　　　　　　　　　抽样盲数估计法得到的预测结果

检验样本序号	实际值	采用抽样盲数预测结果									
		瓦斯涌出量各个区间均值					瓦斯涌出量各个区间的可能性				
		$Y_1^{<5>}$ /(m³/min)	$Y_2^{<5>}$ /(m³/min)	$Y_3^{<5>}$ /(m³/min)	$Y_4^{<5>}$ /(m³/min)	$Y_5^{<5>}$ /(m³/min)	$P_{Y,1}^{<5>}$	$P_{Y,2}^{<5>}$	$P_{Y,3}^{<5>}$	$P_{Y,4}^{<5>}$	$P_{Y,5}^{<5>}$
16	4.06	3.1832	3.6138	4.0327	4.4384	4.8513	0.0382	0.2335	0.4319	0.2395	0.0513
17	4.92	4.6630	4.8487	5.0210	5.2013	4.8513	0.0807	0.2470	0.3740	0.2280	0.0650
18	8.04	7.2903	7.6963	8.0365	8.3809	8.7873	0.0901	0.2296	0.3157	0.2620	0.0979

由表 5.31 可见，抽样盲数估计法以概率分布的形式反映了预测结果的各个取值的可能性，与真实值接近的区间均比其他取值区间的概率大，预测结果准确合理。例如，表 5.31 中检验 16 号样本，在区间均值为 4.0327 的区间内的可能性为 0.4319，而其他区间内的概率都相对较小，而实际瓦斯涌出量的值为 4.06，与实际结果符合。

本 章 小 结

（1）控制变量呈正态分布作用于线性系统时，其输出结果也呈正态分布，其均值为各控制变量均值的加权和，加权系数取决于系统的参数，方差取决于各控制变量的方差、相关系数以及系统的参数。

（2）控制变量呈多条件正态分布作用于线性系统时，其输出结果也呈多条件正态分布，其均值和方差取决于各控制变量的均值、方差、相关系数、系统参数以及各个条件的概率。

（3）控制变量呈任意分布作用于任意系统的不确定分析，可以采用基于抽样盲数的方法，在控制变量取值范围内抽样的次数称为抽样盲数的阶数，各个抽样样本由区间均值和取值概率构成，高阶抽样盲数可以降阶成为低阶抽样盲数。

第6章 比较分析和元素取舍分析

在工程应用中，经常需要客观、科学地对各种方法、结构、参数等进行对比、检验和评价。由于许多方法往往比较复杂，甚至可能是 NP－hard 问题，其计算复杂性和性能效果难以进行严格的数学分析比对和理论证明。基于随机模拟的蒙特卡罗方法是现代科学计算的重要方法之一，它是检验假设、理论和模型的重要途径（有时是唯一途径），因此本章首先论述一种基于蒙特卡罗思想的比较分析方法。

在工程应用中，还经常会遇到元素取舍问题。比如，对于一个模型，它由众多的变量构成，不仅控制复杂，而且一些变量相互关联并不独立，如何比较客观地舍去一些变量，以不牺牲系统性能的前提来尽可能地简化系统；再比如，对于一个对未来趋势的预测器，它的输入参数众多，但这些输入参数同样需要预测并具有不确定性，因此并非输入参数越多预测越准确，如何比较客观地舍去一些输入参数，以改善预测器的性能；再比如，对于一些观测问题，怎样布置观测点能够即保证测试和参数辨识的需要，又能减少测试工作量和费用等。上述问题需要借助于本章论述的元素取舍分析，元素取舍分析与比较分析有交叉之处，如在方差比检验方面，但是又有其独特之处，比如 $N+Y-X$ 原则等。

6.1 基于蒙特卡罗方法的比较分析

为了客观、科学地对各种方法、结构、参数等（本章后面将其统称为"方法"）进行对比、检验和评价，需要开展以下方面的工作：

（1）采取一种随机方法，能够随机生成用来对各种方法进行对比、检验和评价的大量测试场景（即样本）。

（2）明确一些能够用来对各种方法进行对比、检验和评价的性能指标。

（3）采用假设检验手段或简化对比分析手段对各种方法的单项性能进行客观的对比分析和评价。

（4）对各种方法的各项性能进行综合评价。

前两项工作因所需比较的方法的不同而存在很大的差异，将在本章其他节结合具体问题分别进行论述。本节重点论述第 3 项和第 4 项工作的基本原理。

6.1.1 基于假设检验的对比分析

假设共需对 N 种方法进行比较，共考察 M 个场景，则可以得到一个 N 行 M 列的对比结果矩阵 G，其中 $G_{i,j}$ 代表第 i 种方法在第 j 个场景下的指标。由于采取随机抽样的方式构成各种场景，因此所得结果的总体均值和总体方差都是未知的，只能得到样本均值和样本方差。

假设对于各项指标都是"越小越好"，对于"越大越好"的指标可将其转化为"越小越好"的指标。定义 M 列的最优方法性能指标向量 $\boldsymbol{G}^{\min}$，其中的元素 $G_j^{\min}$ 反映针对第 j 个场景、采用各种方法获得的最优性能指标，该指标较难获得，一般可用其近似值，即

$$G_j^{\min} \approx \min_{i \in 1 \sim N} [G_{i,j}] \tag{6.1}$$

分别用 $G_j^{\min}$ 去除 $\boldsymbol{G}$ 中第 j 列的各个元素，得到 N 行 M 列的归一化对比结果矩阵 $\boldsymbol{g}$，即其中的元素 $g_{i,j}$ 为

$$g_{i,j} = \frac{G_{i,j}}{G_j^{\min}} \tag{6.2}$$

第 i 种方法的归一化样本均值 $\overline{g}_{i,\cdot}$ 为

$$\overline{g}_{i,\cdot} = \frac{1}{M} \sum_{j=1}^{M} g_{i,j} \tag{6.3}$$

第 i 种方法的归一化样本方差 s_i^2 为

$$s_i^2 = \frac{1}{M-1} \sum_{j=1}^{M} (g_{i,j} - \overline{g}_{i,\cdot})^2 \tag{6.4}$$

称 s_i 为第 i 种方法归一化样本标准差。

　　在此基础上可以进行分析和检验。

1. 方差比检验

　　根据方差检验理论，对于 i 和 k 两种方法，则对于指标 B，在给定显著水平 α 下，在总体均值未知的情况下，有

　　（1）若 $s_i^2 / s_k^2 > F_\alpha(M-1, M-1)$，则

$$\sigma_i^2 > \sigma_k^2 \tag{6.5}$$

　　（2）若 $s_k^2 / s_i^2 > F_\alpha(M-1, M-1)$，则

$$\sigma_k^2 > \sigma_i^2 \tag{6.6}$$

　　（3）若 $s_i^2 / s_k^2 > F_{\alpha/2}(M-1, M-1)$，或 $s_k^2 / s_i^2 > F_{\alpha/2}(M-1, M-1)$，则

$$\sigma_i^2 \neq \sigma_k^2 \tag{6.7}$$

　　（4）若 $s_i^2 / s_k^2 \leqslant F_{\alpha/2}(M-1, M-1)$，且 $s_k^2 / s_i^2 \leqslant F_{\alpha/2}(M-1, M-1)$，则

$$\sigma_i^2 = \sigma_k^2 \tag{6.8}$$

　　式中：σ_i^2、σ_k^2 分别为规划方案 i 和 k 的总样本方差；$F_\alpha(M-1, M-1)$ 为 F 检验法拒绝域的临界值，即 $F \sim F(M-1, M-1)$，对于给定的显著水平 α，$P\{F > F_\alpha(M-1, M-1)\} = \alpha$。

2. 均值检验

　　（1）根据均值检验理论，对于 i 和 k 两种方法，在给定显著水平 α 下，在总体方差未知的情况下，若通过方差比检验得出 $\sigma_k^2 = \sigma_i^2$，则可采用二正态总体均值差 t - 检验比较它们均值的差异。

　　1）若 $\overline{g}_{i,\cdot} - \overline{g}_{k,\cdot} > t_\alpha(2M-2) s_w \sqrt{2/M}$，则

$$\mu_i > \mu_k \tag{6.9}$$

2) 若 $\overline{g}_{i,\cdot}-\overline{g}_{k,\cdot}<t_a(2M-2)s_w\sqrt{2/M}$，则

$$\mu_i<\mu_k \tag{6.10}$$

3) 若 $|\overline{g}_{i,\cdot}-\overline{g}_{k,\cdot}|>t_{\alpha/2}(2M-2)s_w\sqrt{2/M}$，则

$$\mu_i\neq\mu_k \tag{6.11}$$

4) 若 $|\overline{g}_{i,\cdot}-\overline{g}_{k,\cdot}|<t_{\alpha/2}(2M-2)s_w\sqrt{2/M}$，则

$$\mu_i=\mu_k \tag{6.12}$$

$$s_w=\sqrt{\frac{(M-1)(s_i^2+s_k^2)}{2M-2}} \tag{6.13}$$

式中：μ_i 为规划方案 i 的总体均值。

（2）若通过方差比检验得出 $\sigma_k^2\neq\sigma_i^2$，则检验量 t 为

$$t=\frac{\overline{g}_{i,\cdot}-\overline{g}_{k,\cdot}}{\sqrt{(s_i^2+s_k^2)/M}} \tag{6.14}$$

t 近似服从自由度为 θ 的 t 分布，其中 θ 为

$$\theta=\mathrm{int}\left[\frac{(M-1)(s_i^2+s_k^2)^2}{s_i^4+s_k^4}\right] \tag{6.15}$$

其中，int [ ] 表示取整数。因此：

1) 若 $|t|<t_{\alpha/2}(\theta)$，则

$$\mu_i=\mu_k \tag{6.16}$$

2) 若 $t\geqslant t_a(\theta)$，则

$$\mu_i>\mu_k \tag{6.17}$$

3) 若 $t\leqslant-t_a(\theta)$，则

$$\mu_i<\mu_k \tag{6.18}$$

3. 均值与最优性能指标的比较

根据均值检验理论，对于第 i 种方法，在给定显著水平 α 下，在总体方差未知的情况下，其均值与最优值 1.0 的比较可采用单正态总体 t 检验，即

（1）若 $|\overline{g}_{i,\cdot}-1.0|<t_{\frac{\alpha}{2}}(M-1)\dfrac{s_i}{\sqrt{M}}$，则

$$\mu_i=1.0 \tag{6.19}$$

（2）若 $|\overline{g}_{i,\cdot}-1.0|>t_{\frac{\alpha}{2}}(M-1)\dfrac{s_i}{\sqrt{M}}$，则

$$\mu_i\neq1.0 \tag{6.20}$$

4. 区间估计

对于指标 B，在给定置信度 α 下，方法 i 的归一化对比结果的均值的置信区间为 $[\mu_{i,\min},\mu_{i,\max}]$。其中

$$\mu_{i,\max}=\overline{g}_{i,\cdot}+t_{\alpha/2}(M-1)\frac{s_i}{\sqrt{M}} \tag{6.21}$$

$$\mu_{i,\min}=\overline{g}_{i,\cdot}+t_{\alpha/2}(M-1)\frac{s_i}{\sqrt{M}} \tag{6.22}$$

假设期望的归一化优化偏差均值的容许值为 μ_T，如果

$$\mu_{i,\max} < \mu_T \tag{6.23}$$

则称第 i 种方法是满足要求的（此为均值的区间估计）。

5. **方法的严比较**

（1）**等效方法**。对于 i 和 k 两种方法，对于指标 B，在给定显著水平 α 下，若有 $\mu_i = \mu_k$ 且 $\sigma_i^2 = \sigma_k^2$，则称第 i 种方法与第 k 种方法关于指标 B 等效，记作 $i_B^\alpha \lozenge k_B^\alpha$。

若 $i_B^\alpha \lozenge k_B^\alpha$，且 $i_B^\alpha \lozenge j_B^\alpha$，且 $k_B^\alpha \lozenge j_B^\alpha$，则 i、j 和 k 三种方法等效，记作 $i_B^\alpha \lozenge k_B^\alpha \lozenge j_B^\alpha$。

（2）**等价方法**。若对于所有的指标，在给定显著水平 α 下，第 i 种方法都与第 k 种方法等效，则称第 i 种方法与第 k 种方法等价，记作 $i^\alpha \equiv k^\alpha$。

若 $i^\alpha \equiv k^\alpha$，且 $i^\alpha \equiv j^\alpha$，且 $k^\alpha \equiv j^\alpha$，则 i、j 和 k 三种方法等价，记作 $i^\alpha \equiv k^\alpha \equiv j^\alpha$。

（3）**方法的优劣**。对于 i 和 k 两种方法，对于指标 B，在给定显著水平 α 下，若有 $\sigma_i^2 \leqslant \sigma_k^2$，且 $\mu_i < \mu_k$；或 $\sigma_i^2 \leqslant \sigma_k^2$，且 $\mu_i \leqslant \mu_k$，则称第 i 种方法关于指标 B 以显著水平 α 优于第 k 种方法，记作 $i_B^\alpha > k_B^\alpha$。

对于 i 和 k 两种规划方法，对于指标 B，在给定显著水平 α 下，若有 $\sigma_i^2 \geqslant \sigma_k^2$，且 $\mu_i > \mu_k$；或 $\sigma_i^2 > \sigma_k^2$，且 $\mu_i \geqslant \mu_k$，则称第 i 种方法关于指标 B 以显著水平 α 劣于第 k 种方法，记作 $i_B^\alpha < k_B^\alpha$。

若对于所有的指标，第 i 种方法都以显著水平 α 优于（或劣于）第 k 种规划方法，则称第 i 种方法普遍以显著水平 α 优于（或劣于）第 k 种规划方法，记作 $i^\alpha \gg k^\alpha$（或 $i^\alpha \ll k^\alpha$）。

（4）**方法难分优劣**。对于 i 和 k 两种方法，对于指标 B，在给定显著水平 α 下，若不属于前三种情形，则称第 i 种方法与第 k 种方法关于指标 B 在显著水平 α 下难分优劣，记作 $i_B^\alpha \approx k_B^\alpha$。

若对于所有的指标，在显著水平 α 下，第 i 种方法都与第 k 种方法难分优劣，则称第 i 种方法与第 k 种方法在显著水平 α 下普遍难分优劣，记作 $i^\alpha \approx k^\alpha$。

注意：两种方法难分优劣并不意味着它们等价，因为它往往是在某些指标方面一种方法好些，而在其他指标方面另一种方法好些。

6. **方法的综合比较**

定义第 i 种方法的综合指标 Ψ_i 为

$$\Psi_1 = \sum_{m=1}^{L} \zeta_m \overline{u}_i^2(m) + \rho \sum_{m=1}^{L} \zeta_m s_i^2(m) \tag{6.24}$$

式中：ζ_m 为第 m 项指标的加权系数；ρ 为方差的加权系数；$\overline{u}$、s 分别为第 m 项指标的均值和方差。

从综合指标的角度，有：

（1）若 $\Psi_{i,k} = \Psi_i - \Psi_k > 0$，则方法 i 劣于方法 k，且 $|\Psi_{i,k}|$ 越大，两种方法的差别越大。

（2）若 $\Psi_{i,k} = \Psi_i - \Psi_k < 0$，则方法 i 优于方法 k，且 $|\Psi_{i,k}|$ 越大，两种方法的差别越大。

（3）若 $\Psi_{i,k} = \Psi_i - \Psi_k \approx 0$，则方法 i 与方法 k 基本相同，且 $|\Psi_{i,k}|$ 越小，两种方法越

相近。

　　注意：方法的综合比较比严格比较要"宽"得多，综合指标的"两种方法基本相同"意思是总的看来优劣相当，也即可以允许有的指标方面一种方法优些，而另外一些指标方面劣些；而严格意义上的"两种方法等价"则要求两种方法在各项指标方面均等效。综合指标意义上的"一种方法优（劣）于另一种方法"意思是总的看来一种方法更优（劣）些，并不要求各项指标方面都优（劣），而严格意义上则要求必须如此。

6.1.2　简化的对比分析

　　假设用于对比的性能指标越小越好（对于"越大越好"的情形也可以转化为"越小越好"），将考察范围内各个场景（样本）的性能指标看作均值为 $|\bar{\mu}|$、标准差为 σ 的正态分布，对于 A 和 B 两种方法，有时直接根据均值为 $|\bar{\mu}|$ 和标准差为 σ 就能够作出判断，有以下典型情况：

　　（1）若 $|\bar{\mu}|_A \approx |\bar{\mu}|_B$ 且 $\sigma_A \approx \sigma_B$，则方法 A 和方法 B 两种方法的性能相当。

　　（2）若 $|\bar{\mu}|_A \approx |\bar{\mu}|_B$ 且 $\sigma_A < \sigma_B$，则方法 A 的性能优于方法 B。

　　（3）若 $|\bar{\mu}|_A < |\bar{\mu}|_B$ 且 $\sigma_A \approx \sigma_B$，则方法 A 的性能优于方法 B。

　　（4）若 $|\bar{\mu}|_A < |\bar{\mu}|_B$ 且 $\sigma_A < \sigma_B$，则方法 A 的性能优于方法 B。

　　（5）其余情况（$|\bar{\mu}|_A < |\bar{\mu}|_B$、$\sigma_A > \sigma_B$）的判断有以下几种方法：

　　［方法 1］"最坏条件"比较法。即：①若 $|\bar{\mu}|_A < |\bar{\mu}|_B$、$\sigma_A > \sigma_B$ 且 $|\bar{\mu}|_A + 2\sigma_A \leqslant |\bar{\mu}|_B + 2\sigma_B$，则认为方法 A 的性能优于方法 B；②若 $|\bar{\mu}|_A < |\bar{\mu}|_B$、$\sigma_A > \sigma_B$ 且 $|\bar{\mu}|_A + 2\sigma_A > |\bar{\mu}|_B + 2\sigma_B$，则认为方法 B 的性能优于方法 A。

　　图 6.1（a）～图 6.1（f）反映了上述几种情况，其中横坐标表示支路电阻的相对累积误差，纵坐标表示其概率密度。

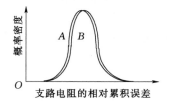
（a）$|\mu|_A \approx |\mu|_B$，且 $\sigma_A = \sigma_B$

（b）$|\bar{\mu}|_A \approx |\bar{\mu}|_B$，且 $\sigma_A < \sigma_B$

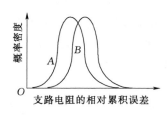
（c）$|\bar{\mu}|_A < |\bar{\mu}|_B$，且 $\sigma_A = \sigma_B$

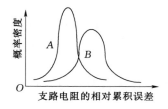
（d）$|\bar{\mu}|_A < |\bar{\mu}|_B$，且 $\sigma_A < \sigma_B$

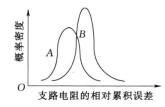
（e）$|\bar{\mu}|_A < |\bar{\mu}|_B$、$\sigma_A > \sigma_B$，
　　且 $|\bar{\mu}|_A + 2\sigma_A \leqslant |\bar{\mu}|_B + 2\sigma_B$

（f）$|\bar{\mu}|_A < |\bar{\mu}|_B$、$\sigma_A > \sigma_B$，
　　且 $|\bar{\mu}|_A + 2\sigma_A > |\bar{\mu}|_B + 2\sigma_B$

图 6.1　方法 A 和方法 B 比较分析的 6 种情形

［方法 2］概率比较法。对于方法 A 和方法 B 两种故障诊断算法，设其概率密度函数分别为 $F(A)$ 和 $F(B)$。以 $|\mu|_M = 0.5(|\overline{\mu}|_A + |\overline{\mu}|_B)$ 为分界线，可以认为该分界线右侧代表不好，分界线左侧代表好。因此，若一种方法在分界线右侧的概率大于另一种方法，则可以认为前者不如后者；若一种方法在分界线左侧的概率大于另一种方法，则可以认为前者优于后者。

用 $P(A \Leftarrow B)$ 表示分界线右边方法 B 不如方法 A 的概率，设方法 A 和方法 B 的各个样本的性能指标大于 $|\mu|_M$ 的概率分别为 $P(A)$ 和 $P(B)$，则有

$$P(A \Leftarrow B) = P(B) - P(A) \tag{6.25}$$

用 $P(A \leftarrow B)$ 表示分界线左边方法 A 优于方法 B 的概率，显然，方法 A 和方法 B 得到的各个样本的性能指标小于 $|\mu|_M$ 的概率分别为 $1 - P(A)$ 和 $1 - P(B)$，则有

$$P(A \leftarrow B) = [1 - P(A)] - [1 - P(B)] = P(B) - P(A) \tag{6.26}$$

显然
$$P(A \leftarrow B) = P(A \Leftarrow B) \tag{6.27}$$

因此，只需要考察 $P(A \leftarrow B)$ 或 $P(A \Leftarrow B)$ 两者之一即可判断出方法 A 和方法 B 的优劣：①若 $P(A \leftarrow B) > 0$，则表明方法 A 优于方法 B；②若 $P(A \leftarrow B) < 0$，则表明方法 B 优于方法 A；③若 $P(A \leftarrow B) \approx 0$，则表明方法 A 和方法 B 大致相当，分不出优劣。

在上面分析过程中，有

$$P(A) = \int_{|\mu|_M}^{\infty} F(A) \mathrm{d}|\mu| \tag{6.28}$$

$$P(B) = \int_{|\mu|_M}^{\infty} F(B) \mathrm{d}|\mu| \tag{6.29}$$

其中
$$F(A) \sim N(|\overline{\mu}|_A, \sigma_A^2) \tag{6.30}$$

$$F(B) \sim N(|\overline{\mu}|_B, \sigma_B^2) \tag{6.31}$$

概率比较法对于考察范围内各个场景（样本）的性能指标不能看做均值为 $|\overline{\mu}|$、标准差为 σ 的正态分布的情形仍然适用，但是需要采用基于抽样盲数的不确定性处理方法，参见第 5.3 节。

6.2　比较分析实例 1——配电网典型规划方法的比较

我国中压配电网仍存在网架结构薄弱、规划不合理等问题。近年来，已经加快和推进配电网的建设与改造，把重点放到中低压配电网网架结构改造方面。全面地规划优化配电网架结构，能够有效地缩小容量要求、降低网络损耗、减少施工投入，提高电力公司人力、物力资源的利用率，有效降低建设投资和维护费用，为国家和电力公司带来可观的经济效益。

国内外在配电网架规划方面已经开展了大量卓有成效的研究。在配电网架规划的各种方法中，应用比较广泛的一般可以分为传统启发式算法和随机优化算法两类。传统启发式算法具有较高的计算效率，但是容易陷入局部最优解；随机优化算法（如遗传算法）具有更好的全局寻优能力，但是计算效率低。即使是同一类算法，也存在计算效率与优化结果的矛盾。简化搜索规则和缩小搜索空间可以提高计算效率，但也会影响结果的优化指标。例如，在改进最小生成树的简化方法中可以采取剪枝算法、不同初始导线截面、不同迭代

策略等方法，其规划结果不尽相同。因此也需要通过对比和检验，比较科学地回答怎样的简化处理是合适的。而在配电网架规划实际工程中，规划效果和规划效率是相互矛盾的。一方面，电网规划实际上是一种人机交互式的设计过程，优化规划方法仅仅是一种辅助工具，因此要求优化规划算法具有较高的计算效率；另一方面，实践经验表明，由于规划中的不确定性，理论上的最优解并不一定是实际工作的最优。所以在配电网架规划实际工程中，不必为了追求最优解而付出过多代价。

综上所述，在配电网规划研究中需要建立一种评价体系，客观、科学地对各种方法进行对比、检验和评价。本节利用 6.1.1 论述的基于假设检验的对比分析方法，对各种规划方法进行综合比较。

6.2.1　测试场景构造和性能指标对比

将规划区域内的电源点和负荷点当做图的顶点，将可能架设线路走廊的交叉处称为交叉点，将顶点和交叉点统称为节点，将各个节点间可能架设线路的走廊称为路径，将以顶点为端点的路径当做图的边。将各条路径和边上线路的建设费用（包括线路材料费用和施工费用）和运行费用（主要为线损）之和分别作为各条路径和边的权。

《城市中低压配电网改造技术导则》（DL/T 599—2016）和《城市电力网规划设计导则》（Q-GW 156—2016 均指出城市中压配电网应根据高压变电站布点、负荷密度和运行管理的需要划分成若干个相对独立的分区配电网。在进行城市配电网规划时，一般对所规划的区域先进行分区，然后再在每个分区内进行辐射状配电网架的规划，最后再将各个辐射状分区网架相互联络构成网格状网架结构。各种规划方法主要应用于分区配电网的规划，因此应在分区内辐射状配电网的规划效果和效率等方面对各种规划方法进行比较。

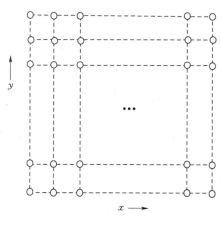

图 6.2　测试用规划区域

考虑到我国城市中的分区辐射状配电网的规模和复杂程度，构造如图 6.2 所示的测试规划区域，它具有 10 行 10 列共 100 条路径和 121 个节点，采用各种算法在该区域进行单电源辐射状网架规划和比较。为了满足大数定理的要求，在比较过程中构造的样本个数在 100 个以上。

对于每次规划，进行下列随机设置以确保不失一般性：

（1）电源点设置。唯一的电源点的位置在测试区域内随机分布。

（2）负荷点设置。负荷点的个数随机设置（小于 120），各个负荷点的位置在测试区域内随机分布，各个负荷在 $\{50，100，160，200，315，500，800，1000\}$ 内随机取值（单位：kVA）。

（3）交叉点设置。测试规划区域中，除了电源点和负荷点以外的节点即为交叉点。

（4）路径设置。各条路径的建设费用根据《电力建设 110kV 及以下送变电工程限额设计参考造价指标》（陕西省电力建设定额站，中国水利水电出版社，2004）确定，可选择的导线规格集合为 $\{LGJ-35, LGJ-50, LGJ-70, LGJ-95, LGJ-120, LGJ-150, LGJ-185, LGJ-240\}$。

（5）参数设置。取单位电量的费用系数为 0.2 元/(kW·h)，规划年限随机但在合理范围内取值，可在 1～20 年内取值。

用于对各种配电网优化规划方法进行对比的性能指标采用规划效果和计算效率两个方面。

采用的电网规划模型为

$$\begin{cases} \min Z_{cost} = \sum_{k=1}^{M} \dfrac{1}{(1+r)^{m(k)-1}} \sum_{i=1}^{n} (\lambda_1 C_{1i} F_i \delta_i + \lambda_2 C_2 \tau_{max} \Delta P_i) \\ s.t \text{ 约束条件} \end{cases} \quad (6.32)$$

其中

$$m(k) = \sum_{i=1}^{k} y(i)$$

$$C_{1i} = \gamma_i + a_i$$

式中：Z_{cost} 为规划年总费用（即综合目标函数）；M 为规划阶段数；r 为贴现率；$y(i)$ 为第 i 阶段包含的年数；n 为架设线路总数；γ_i 为投资回收率；a_i 为设备折旧维修费用率；F_i 为支路 i 的投资费用；δ_i 取 1 表示支路 i 为新建线路，否则取 0；C_2 为线损费用系数；τ_{max} 为最大负荷利用小时数；ΔP_i 为支路 i 的有功损耗；λ_1、λ_2 为权重因子，且满足 $\lambda_1 + \lambda_2 = 1$。

规划的约束条件包括供电连续性约束、配电网辐射状约束、电压约束、功率约束、支路电流和导线载流量约束。

随机设置电源点、负荷点、路径和参数，将每一组设置称作一个场景，从而构成了一个测试场景集合。针对每一个场景，分别采用待测试的各种规划方法进行规划，并分析规划效果和计算效率指标。在取得大量数据的基础上，采用 6.1 节所述方法进行比较和评价。

6.2.2　典型规划方法比较结果

对表 6.1 所列的几种典型配电网优化规划方法进行了比较，其结果如表 6.2、表 6.3 和图 6.2 所示。

表 6.1　　　　　　　　　　　　参加比较的几种典型配电网规划方法

规划方法	权的初值	迭代过程中边的置换	算法初始设置	编号
基本最小生成树算法				A
剪枝最小生成树算法[①]				B
支路交换法				C
改进最小生成树算法	最细导线	只换环中权最大的边		$D11$
		环中边全换		$D12$
	最粗导线	只换环中权最大的边		$D21$
		环中边全换		$D22$
	中间导线	只换环中权最大的边		$D31$
		环中边全换		$D32$

续表

规划方法	权的初值	迭代过程中边的置换	算法初始设置	编号
遗传算法			初始种群数 100；交叉率 0.8，变异率 0.1；迭代次数 100	E

① 剪枝最小生成树算法是先将交叉点都当做负荷点，然后剪除规划结果中的不必要边的方法。

1. 典型规划方法的区间估计比较结果

表 6.2 为以规划年总费用为反映规划效果的性能指标在显著水平 $\alpha = 0.05$ 和 $\alpha = 0.1$ 情况下的区间估计结果。

表 6.2　　　　　参加比较的几种典型配电网规划方法的区间估计比较结果　　　　　%

规划结果满意率	规划年总费用的归一化偏差允许值（g_T）					
	显著水平 $\alpha = 0.05$			显著水平 $\alpha = 0.1$		
被测试的方法	<1	<3	<5	<1	<3	<5
A	12.5	18	35	7.5	14	35
B	12.5	18	35	7.5	14	35
C	60	72	88	57	68	88
D11	48	67	80	46	65	75
D12	97	100	100	97	100	100
D21	50	67	82	45	65	75
D22	97	100	100	97	100	100
D31	55	67	85	48	67	77
D32	97	100	100	97	100	100
E	100	100	100	100	100	100

从表 6.2 可以看出，采用遗传算法一般总能获得最优的规划结果。采用改进最小生成树算法，只要在迭代过程中对环中各条边都进行置换，则不论初始权重选用何种导线截面，都能得到与遗传算法非常接近的最优规划结果。但是若在最小生成树算法迭代过程中只置换环中权最大的边，则规划效果明显降低。支路交换法与遗传算法、改进最小生成树算法相比，其规划效果存在明显差距。基本最小生成树算法和剪枝最小生成树算法的效果最差，与支路交换法相比，其规划效果存在很大差距。

2. 典型规划方法的严格比较及综合比较结果

对表 6.1 中各种规划方法在规划年总费用（Z）的归一化样本均值和计算时间 T 两个指标下进行了比较，结果见表 6.3。由于表 6.3 是对称的，因此每一对方法的比较都可以有两个位置，用对角线以上的位置展现严格比较结果，用对角线以下的位置展现综合比较结果。

因为由表 6.2 可知，对于改进最小生成树算法类方法，权的初值选择并不影响规划结果。所以，表 6.3 和图 6.3 中只列出以最细导线为初值的 D11、D12 的改进最小生成树方法进行比较。

表 6.3　　　　　　　参加比较的几种典型配电网优化规划方法的比较 ($\alpha = 0.5$)

被测试的方法	A	B	C	D11	D12	E
A		$B^\alpha \equiv A^\alpha$	$C_Z^\alpha > A_Z^\alpha$ $C_T^\alpha < A_T^\alpha$	$D11_Z^\alpha > A_Z^\alpha$ $D11_T^\alpha < A_T^\alpha$	$D12_Z^\alpha > A_Z^\alpha$ $D12_T^\alpha < A_T^\alpha$	$E_Z^\alpha > A_Z^\alpha$ $E_T^\alpha < A_T^\alpha$
B	$\psi_{A-B} \approx 0$		$C_Z^\alpha > B_Z^\alpha$ $C_T^\alpha < B_T^\alpha$	$D11_Z^\alpha > B_Z^\alpha$ $D11_T^\alpha < B_T^\alpha$	$D12_Z^\alpha > B_Z^\alpha$ $D12_T^\alpha < B_T^\alpha$	$E_Z^\alpha > B_Z^\alpha$ $E_T^\alpha < B_T^\alpha$
C	$\psi_{A-C} > 0$	$\psi_{B-C} > 0$		$D11_Z^\alpha > C_Z^\alpha$ $D11_T^\alpha < C_T^\alpha$	$D12^\alpha \gg C^\alpha$	$E_Z^\alpha > C_Z^\alpha$ $E_T^\alpha < C_T^\alpha$
D11	$\psi_{A-D11} > 0$	$\psi_{B-D11} > 0$	$\psi_{C-D11} < 0$		$D12_Z^\alpha > D11_Z^\alpha$ $D12_T^\alpha < D11_T^\alpha$	$E_Z^\alpha > D11_Z^\alpha$ $E_T^\alpha < D11_T^\alpha$
D12	$\psi_{A-D12} > 0$	$\psi_{B-D12} > 0$	$\psi_{C-D12} \approx 0$	$\psi_{D11-D12} > 0$		$E_Z^\alpha \Diamond D12_Z^\alpha$ $E_T^\alpha < D12_T^\alpha$
E	$\psi_{A-E} > 0$	$\psi_{B-E} > 0$	$\psi_{C-E} < 0$	$\psi_{D11-E} > 0$	$\psi_{D15-E} < 0$	

图 6.3 所示为显著水平 $\alpha = 0.05$ 的情况下的各种规划方法的比较结果，其中实心圆点表示各种方法的均值，围绕实心点的矩形分别表示其置信区间。遗传算法的计算时间均值为 240s。

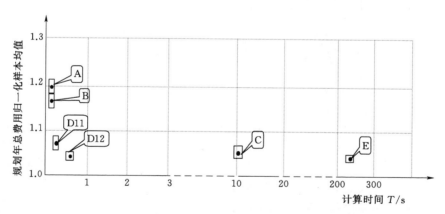

图 6.3　各种规划方法的比较

由表 6.3 和图 6.3 可见，在给定显著水平 α 下，按照严格比较方法和综合比较方法，可以得出以下结论：

（1）对于规划效果（规划年总费用）指标，有

$$E_Z^\alpha \Diamond D12_Z^\alpha \equiv D22_Z^\alpha \equiv D32_Z^\alpha > C_Z^\alpha > D11_Z^\alpha \equiv D21_Z^\alpha \equiv D31_Z^\alpha > B_Z^\alpha \equiv A_Z^\alpha$$

（2）对于规划效率（计算时间）指标，有

$$A_T^\alpha \equiv B_T^\alpha > D11_T^\alpha \equiv D21_T^\alpha \equiv D31_T^\alpha > D12_T^\alpha \equiv D22_T^\alpha \equiv D32_T^\alpha > C_T^\alpha > E_T^\alpha$$

以规划效果和规划效率为指标进行综合考虑，则本节所比较的上述方法中以环中边全部置换的改进最小生成树算法为最优。

6.3　比较分析实例 2——接地网故障诊断基本算法比较

接地网是确保电气设备和人身安全的重要设施，当接地网存在缺陷时，就会危及电气设备和人身的安全。我国敷设接地网所用的材料主要为普通扁钢，因常年的土壤腐蚀和接地短路电流的电动力作用，使接地网均压导体出现不同程度的腐蚀（表现为接地网相应支路的直流电阻增大），引发泄流不畅、场区电位分布不均，造成接地网的可靠性降低甚至性能失效。

接地网腐蚀故障诊断一般采用基于电路的方法，在直流电流激励下，接地网导体的分布电感和分布电容可以被忽略，因此理论上可以将接地网等效为纯电阻网络，将可以量测的接地引下线节点定义为可及节点，图 6.4 所示为接地网腐蚀故障诊断示意图。接地网腐蚀诊断的基本方法就是通过接地网在一些直流电流激励条件下的可及节点之间的电压测量值，根据接地网的拓扑结构和电阻设计值，应用适当的计算方法，求出接地网各条导体的实际电阻值。研究结果表明，支路电阻的增大可以反映其被腐蚀的状况，因此可以根据实际值与设计值的比值来判断导体腐蚀或断裂情况。因此，估计出了接地网各条支路的实际电阻值，也就得到了反映接地网腐蚀情况的诊断结果。

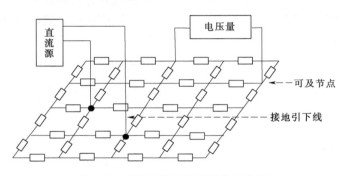

图 6.4　接地网腐蚀故障诊断示意图

但是在实际故障诊断中，由于受到可利用的可及节点数目及分布位置的限制，建立的故障诊断方程往往是欠定的，所以接地网腐蚀故障诊断结果中，有的支路的诊断结果是明晰的，另外一些支路的诊断结果是不确定的。

文献［20］论述了一种采用迭代最小二乘法求解增广增量故障诊断方程组的接地网故障诊断算法，一些学者还采用线性最小二乘法直接求解接地网的增广增量故障诊断方程组[21]，也有学者利用 MATLAB 中配备的非线性最小二乘函数求解，文献［22］论述了一种基于禁忌搜索算法的接地网故障诊断算法。

本节采用 6.1.2 论述的简化比较分析方法，对上述各种接地网故障诊断算法的性能进行评价和比较。

6.3.1　用于对比的性能指标

1. 支路电阻诊断结果的相对误差均值

对于第 i 条支路，其电阻诊断结果的相对误差均值 μ_i 为

$$\mu_i = \frac{1}{K} \sum_{k=1}^{K} \frac{\hat{R}_i(k) - R_i(k)}{R_i(k)} \tag{6.33}$$

式中：$\hat{R}_i(k)$；$R_i(k)$ 分别为第 i 条支路电阻的第 k 个样本的诊断结果和实际值；K 为样本个数。

2. 支路电阻诊断结果的相对误差标准差

对于第 i 条支路，其电阻诊断结果的相对误差标准差 σ_i 为

$$\sigma_i = \sqrt{\frac{1}{K-1} \sum_{k=1}^{K} \left(\frac{\hat{R}_i(k) - R_i(k)}{R_i(k)} - \mu_i \right)^2} \tag{6.34}$$

对于第 i 条支路，若其 $|\mu_i|$ 越小且 σ_i 越接近于 0，则其诊断精度越高。

3. 考察范围内各条支路电阻的相对累积误差均值 $|\overline{\mu}|$

$$|\overline{\mu}| = \frac{1}{N_B} \sum_{i=1}^{N_B} |\mu_i| \tag{6.35}$$

式中：N_B 为支路个数，考察范围可以是接地网的全部支路、其全部明晰支路或其全部不确定支路等。

4. 考察范围内各条支路电阻的相对累积误差均值的标准差 $|\sigma|$

$$|\sigma| = \sqrt{\frac{1}{N_B - 1} \sum_{i=1}^{N_B} (|\mu_i| - |\overline{\mu}|)^2} \tag{6.36}$$

式中：N_B 为考察范围内支路的个数。

6.3.2 测试场景（样本）构造

采用图 6.5 所示的具有 35 个节点和 55 条支路的接地网作为测试用接地网，其中所有节点都是可及节点，所有支路的直流电阻参数都是明晰的，在 $R_0 \sim 40R_0$ 的电阻合理取值

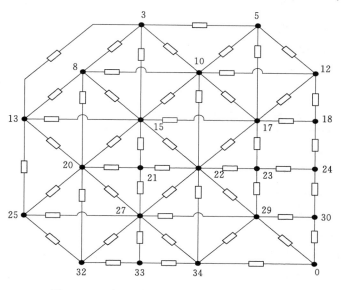

图 6.5 具有 35 个节点和 55 条支路的接地网

范围内，随机生成 20 批支路电阻取值样本向量，采用完备测试方案，分别采用迭代最小二乘法（方法 A）、线性最小二乘法（方法 B）、 MATLAB 中配备的非线性最小二乘函数（方法 C）和禁忌搜索算法（方法 D）对该接地网进行以支路直流电阻估计为目的的故障诊断，并对这几种接地网故障诊断方法进行比较分析。

6.3.3　比较分析结果

［情况 1］在直接采用上述各种算法而不进行任何改进的情形下，其中非线性最小二乘优化模型的参数设置为 options = optimset（'MaxIter'，10，'MaxFunEvals'，1000000，'Jacobian'，'on'），对几种算法的诊断准确性及与初值的敏感度进行评估和比较，设置阈值 $\varepsilon_1 = \varepsilon_2 = 0.01$，结果见表 6.4。

表 6.4　　　　　　各种接地网故障诊断算法的简化比较分析结果

评价指标	方法 A	方法 B	方法 C	方法 D
$|\bar{\mu}|_{\mathrm{I}}$	5.67×10^{-8}	0.8572	0.0142	0.6558
$|\sigma|_{\mathrm{I}}$	1.26×10^{-7}	0.1555	0.0284	0.2400
$|\bar{\mu}|_{\mathrm{II}}$	6.70×10^{-8}	0.8586	3.319	1.687
$|\sigma|_{\mathrm{II}}$	1.46×10^{-7}	1.267	9.582	3.079

由表 6.4 可知，迭代最小二乘法（方法 A）的诊断准确性较高，而线性最小二乘法（方法 B）、非线性最小二乘法（方法 C）和禁忌搜索法（方法 D）的诊断准确性较迭代最小二乘法差。进一步深入研究发现，后两种方法有陷入局部最优的现象，即在结束迭代时，电压估计向量与电压观测向量之间的残差有时较大，为此采取情况 2 描述的改进措施。

［情况 2］对于非线性最小二乘法，将最大迭代次数参数'MaxFunEvals'的值改为 100，并将结束迭代时电压估计向量与电压观测向量之间的残差较大的诊断结果删除，非线性最小二乘优化模型的参数设置为：options = optimset（'MaxIter'，100，'MaxFunEvals'，1000000，'Jacobian'，'on'）；对于方法 D，采用单纯形法对初值进行动态调整，即构成单纯形禁忌搜索算法。对几种算法的性能进行评估和对比，设置阈值 $\varepsilon_1 = \varepsilon_2 = 0.01$，结果见表 6.5。

表 6.5　　　采取改进措施后各种接地网故障诊断算法的简化比较分析结果

评价指标	方法 A	方法 B	方法 C	方法 D
$|\bar{\mu}|_{\mathrm{I}}$	5.67×10^{-8}	0.8572	7.12×10^{-5}	0.0053
$|\sigma|_{\mathrm{I}}$	1.26×10^{-7}	0.1555	1.62×10^{-4}	0.0034
$|\bar{\mu}|_{\mathrm{II}}$	6.70×10^{-8}	0.8586	0.0865	0.7128
$|\sigma|_{\mathrm{II}}$	1.46×10^{-7}	1.267	0.1510	0.4334

由表 6.5 可知，采取改进措施后，非线性最小二乘法对明晰支路诊断的诊断准确性及较改进前有显著改善；而单纯形禁忌搜索算法的诊断准确性较改进前的一般禁忌搜索算法也有所改进。但是迭代最小二乘法的性能仍高于非线性最小二乘法和单纯形禁忌搜索算法。

6.4 基于方差比检验的系统输入参数主因素识别

6.4.1 基本原理

对于一个系统，将若干个（假设有 M 个）被认为可能与其输出的性能指标相关的因素作为该系统的候选输入变量 $X=[x_1, x_2, \cdots, x_M]$，首先要掌握一定数量的系统输出的性能指标与这些相关输入因素的关系数据样本，将其作为检验样本。比如，对于预测器而言，可以根据输出性能指标和这些相关输入因素的历史数据获得所必要的检验样本；对于控制器，则可以采取试验（或数值仿真）的方法，获得反映输出性能指标和这些相关输入因素的关系的检验样本。

在此基础上，采取增加或是删除不同输入变量，并运用方差比检验的方法将该系统输入参数的主因素遴选出来。

假设某系统的某一个输出性能指标序列（即估计值）为 $\hat{y}$，实际值（即检验样本值）为 y，则该系统相应输出性能指标估计的残差平方和 QE 为

$$QE = \sum_{i=1}^{N}(\hat{y}_i - y_i)^2 \tag{6.37}$$

式中：N 为检验样本个数。

仿照标准差的定义，残差均方值 SE 为

$$SE = \sqrt{\frac{1}{N-1}\sum_{i=1}^{N}(\hat{y}_i - y_i)^2} \tag{6.38}$$

将去除因素 x_j 后的残差均方值表示为 $SE(-x_j)$，增加因素 x_j 后的残差均方值表示为 $SE(+x_j)$。

在检验样本数量足够多的情况下，可以假设 SE 为正态总体，考虑删除 x_j 的可行性时，可设置检验变量 F 为

$$F = \frac{SE^2(-x_j)}{SE^2} \tag{6.39}$$

依据检验变量 F 的变化判断估计性能的改善程度。

下面，以删除或增加一个因素的情形为例，说明方差比检验方法对系统的某一个输出的性能指标的改善程度的判定过程。

1. 对单个因素的增加或减少的判定

（1）在考虑删除因素 x_j 的必要性时，根据方差比检验，在显著水平 α 下有：

1）如果 $F > F_{\alpha}(N-1, N-1)$，则表示删除因素 x_j 后，估计残差增大比较明显，系统性能变差，因此不宜删除因素 x_j。

2）如果 $F < F_{1-\alpha}(N-1, N-1)$，则表示删除因素 x_j 后，估计残差减小比较明显，系统性能变好，因此应当删除因素 x_j。

3）如果 $F \leqslant F_{\alpha/2}(N-1, N-1)$，且 $F \geqslant F_{1-\alpha/2}(N-1, N-1)$，则表示删除因素 x_j 后，估计残差变化不明显，系统性能无明显变化，因此可以删除因素 x_j。

4）其余情况表示删除因素 x_j 后，估计残差有变化，但尚不能确定系统性能是变好还是变差，因此不宜删除因素 x_j。

（2）类似地，在考虑增加因素 x_j 的必要性时，可设置检验变量 F 为

$$F = \frac{SE^2(+x_j)}{SE^2} \tag{6.40}$$

同样，则根据方差比检验，在显著水平 α 下有：

1）如果 $F > F_\alpha(N-1, N-1)$，则表示增加因素 x_j 后，估计残差增大比较明显，系统性能变差，因此不宜增加因素 x_j。

2）如果 $F < F_{1-\alpha}(N-1, N-1)$，则表示增加因素 x_j 后，估计残差减小比较明显，系统性能变好，因此有必要增加因素 x_j。

3）如果 $F \leqslant F_{\alpha/2}(N-1, N-1)$，且 $F \geqslant F_{1-\alpha/2}(N-1, N-1)$，则表示增加因素 x_j 后，估计残差变化不明显，系统性能无明显变化，因此可以不增加因素 x_j。

4）其余情况表示增加因素 x_j 后，估计残差有变化，但尚不能确定系统性能是变好还是变差，因此不宜增加因素 x_j。

2. 对多个因素的不同组合的判定

现考虑删除（或增加）若干因素后，即不同输入因素的组合对于系统性能的影响。设初始输入变量的组合 $X_0 = [x_1, x_2, x_3, \cdots, x_i]_{I \in N}$，此时计算得到的残差均方值为 $SE(X_0)$，则相对于初始输入变量 X_0 的其他不同输入组合为 $\ddot{X}_0$，计算得到的残差均方值为 $SE(\ddot{X}_0)$。

（1）在考虑输入因素组合 $\ddot{X}_0$ 的必要性时，可设置检验变量 F 为

$$F = \frac{SE^2(\ddot{X}_0)}{SE^2(X_0)} \tag{6.41}$$

同样，则根据方差比检验，在显著水平 α 下有：

1）如果 $F > F_\alpha(N-1, N-1)$，则表示输入因素组合成 $\ddot{X}_0$ 后，估计残差增大比较明显，系统性能变差，因此不宜采用输入因素组合 $\ddot{X}_0$。

2）如果 $F < F_{1-\alpha}(N-1, N-1)$，则表示输入因素组合成 $\ddot{X}_0$ 后，估计残差减小比较明显，系统性能变好，因此应当采用输入因素组合 $\ddot{X}_0$。

3）如果 $F \leqslant F_{\alpha/2}(N-1, N-1)$，且 $F \geqslant F_{1-\alpha/2}(N-1, N-1)$，则表示输入因素组合成 $\ddot{X}_0$ 后，估计残差变化不明显，系统性能无明显变化，因此可以不采用输入因素组合 $\ddot{X}_0$。

4）其余情况表示输入因素组合 $\ddot{X}_0$ 后，估计残差有变化，但尚不能确定系统性能是变好还是变差，因此保留输入因素组合 $\ddot{X}_0$。

（2）对于具有多个输出性能指标的系统，需要对每个输出性能指标分别设置检验变量。比如，对于具有 H 个输出性能指标的系统，需分别设置检验变量 $F_1 \sim F_H$。在进行方差比检验时，在显著水平 α 下有：

1）如果存在至少一个输出性能指标（比如第 k 个）满足 $F_k > F_{k,\alpha}(N-1, N-1)$，则表示输入因素组合 $\ddot{X}_0$ 后，估计残差增大比较明显，系统性能变差，因此不宜采用输入

因素组合 $\ddot{X}_0$。

2）如果对于所有的输出性能指标都满足 $F_i < F_{i,1-\alpha}(N-1, N-1)$，则表示输入因素组合 $\ddot{X}_0$ 后，估计残差减小比较明显，系统性能变好，因此应当采用输入因素组合 $\ddot{X}_0$，其中 $i \in [1, H]$。

3）如果对于所有的输出性能指标都满足 $F_i \leqslant F_{i,\alpha/2}(N-1, N-1)$，且 $F_i \geqslant F_{i,1-\alpha/2}$ $(N-1, N-1)$，则表示输入因素组合 $\ddot{X}_0$ 后，估计残差变化不明显，系统性能无明显变化，因此可以不采用输入因素组合 $\ddot{X}_0$，其中 $i \in [1, H]$。

4）如果对于一部分输出性能指标都满足 $F_i < F_{i,1-\alpha}(N-1, N-1)$，而其余部分的输出性能指标都满足 $F_j \leqslant F_{j,\alpha/2}(N-1, N-1)$，且 $F_j \geqslant F_{j,1-\alpha/2}(N-1, N-1)$，则表示输入因素组合 $\ddot{X}_0$ 后，估计残差减小比较明显，系统性能变好，因此应当采用输入因素组合 $\ddot{X}_0$，其中 $i \in \boldsymbol{\alpha}$，$j \in \boldsymbol{\beta}$，且 $\boldsymbol{\alpha} \cap \boldsymbol{\beta} = \boldsymbol{\phi}$，$\boldsymbol{\alpha} \cup \boldsymbol{\beta} = [1, N]$。

5）其余情况表示输入因素组合 $\ddot{X}_0$ 后，估计残差有变化，但尚不能确定系统性能是变好还是变差，因此保留输入因素组合 $\ddot{X}_0$。

基于方差比检验的输入参数主因素识别方法，不仅可以用来遴选有实际物理意义的系统输入参数，而且可以优化虚拟的参数，如人工神经网络隐含层节点的个数、幂级数近似时保留的项数等。

6.4.2　在煤与瓦斯突出预测器输入主因素识别中的应用

瓦斯涌出量受自然因素和开采技术因素的综合影响，其具体表现为受地质条件、煤层赋存状态、煤及围岩瓦斯含量、煤及围岩透气性系数、开采规模及开采工艺、开采量、开采深度、推进速度、周期来压、地质构造、温度、大气压、工作面的推进速度，循环方式、煤层倾角等众多因素影响。

煤与瓦斯突出是地应力、煤层瓦斯、煤体结构物理性质共同作用的结果，其具体表现为瓦斯压力、瓦斯含量、瓦斯放散初速度、煤的坚固性系数、煤体破坏类型、软煤分层厚度及煤层顶板含砂率、埋藏深度、煤层厚度、煤层倾角、顶板岩性、底板岩性等。

瓦斯危险源评估主要依据三类危险源的指标进行评价，如煤层瓦斯涌出量、煤层瓦斯含量、煤层瓦斯压力、风流瓦斯含量、构造因素、通风系统、瓦斯抽放率、煤炭自然发火、煤尘爆炸、设备安全可靠性、规程措施执行水平、员工对避灾的熟悉程度、管理人员安全技术水平、安全投入、工人的技能和经验等。

如此众多的输入参数，不仅增加了预测器的复杂度，而且输入参数的不确定性会对预测结果产生比较大的影响。因此，需要科学地选择瓦斯涌出量、煤与瓦斯突出等预测器的相关输入因素，以提高计算速度和预测的准确率。运用6.4.1论述的基于方差比检验的方法可以解决上述问题。

以基于BP神经网络的煤与瓦斯突出预测器为例，并以文献［18］中平顶山八矿和文献［19］中谭家山矿历年煤与瓦斯突出资料的影响因素统计数据为数据源，分别见表6.6和表6.7。

表 6.6　　　　　　　　　　平顶山八矿煤与瓦斯突出相关影响因素统计数据

序号	y/t	x_1/m	x_2/m	x_3/m	$x_4/(°)$	x_5	x_6	x_7	x_8	x_9	x_{10}/Pa	$x_{11}/(L/min)$	x_{12}	x_{13}	x_{14}	x_{15}
1	56	466	3.5	2.4	14	1	1	0	0	0.35	15.1	2.8	1	0	0	1
2	43	557	3.1	0.7	16	1	0	0	0	0.37	14.0	3.8	0	0	0	1
3	55	566	3.5	2.0	16	1	0	0	1	0.38	16.1	3.5	1	0	1	0
4	450	490	3.3	2.3	9	1	0	0	0	0.18	18.1	3.9	0	1	0	1
5	180	557	2.5	1.6	27	1	0	0	0	0.21	17.1	3.5	1	0	1	0
6	240	557	3.4	1.9	17	1	0	0	0	0.25	15.9	3.5	1	0	1	0
7	138	556	5.3	1.5	27	1	0	0	0	0.19	14.3	2.7	1	0	0	1
8	478	446	5.0	1.8	31	1	0	0	0	0.21	16.7	1.5	1	0	0	1
9	132	583	3.8	1.3	18	1	0	0	0	0.24	15.5	6.4	1	1	0	1
10	215	583	4.0	1.5	20	1	1	1	0	0.31	15.3	2.4	0	1	1	0
11	77	810	4.8	0.8	30	1	0	0	0	0.36	14.9	2.6	1	0	1	1
12	45	522	4.1	2.5	12	1	0	0	0	0.09	20.0	2.9	1	0	1	1
13	49	498	3.3	1.6	9	1	0	0	0	0.32	13.7	3.2	1	0	0	1
14	470	840	5.2	2.0	29	1	0	0	0	0.28	16.8	3.5	0	1	1	0
15	144	566	3.5	1.2	16	1	0	0	0	0.27	18.9	3.2	0	1	1	0

表 6.7　　　　　　　　　　谭家山矿煤与瓦斯突出相关影响因素统计数据

序号	y/t	x_1/m	x_2/m	x_3/m	$x_4/(°)$	x_5	x_6	x_7	x_8	x_9	x_{10}/Pa	$x_{11}/(L/min)$	x_{12}	x_{13}	x_{14}	x_{15}
1	70	582	4.4	2.7	16	1	1	0	0	0.37	12.5	2.8	1	0	0	1
2	156	590	3.5	1.4	14	1	1	0	1	0.27	14.5	3.4	1	1	0	0
3	55	490	3.5	2.0	19	0	1	0	0	0.38	12.7	3.0	0	1	0	1
4	450	566	2.5	2.3		1	0	0	1	0.80	13.6	3.9	1	0	1	0
5	478	446	5.0	1.8	31	1	0	0	0	0.21	12.5	1.5	1	0	1	0
6	62	574	6.6	1.2	12	1	0	0	0	0.26	10.0	3.5	1	0	1	0
7	240	557	4.3	2.1	17	0	1	0	0	0.24	11.6	6.4	1	0	1	0
8	145	570	5.4	1.6	12	1	0	0	0	0.19	10.8	2.9	1	0	1	0
9	215	583	4.0	1.5	2	1	1	1	0	0.36	12.6	2.6	1	0	1	0
10	81	815	4.9	0.9	3	1	0	0	0	0.44	11.2	2.9	1	0	1	0

1. 考察因素

煤与瓦斯突出的影响因素众多，不同煤矿可能有不同的影响因素。限于文献［18］和文献［19］根据现场实际情况所讨论的因素，以说明所建议方法的应用。文献［18］和文献［19］考察的与煤及瓦斯突出有关的因素有开采深度、煤层厚度、软分层厚度、煤层倾角、地质构造、煤层厚度变化、软分层厚度变化、煤层倾角变化、煤的普氏系数、瓦斯放散初速度、瓦斯涌出初速度、响煤炮、片帮掉渣、喷孔顶钻夹钻、瓦斯变化，共 15 个，分别表示为 $x_1 \sim x_{15}$，设 y 为突出强度，实测数据分别见表 6.6 和表 6.7。表 6.6 和表 6.7

中定性指标值依据数量化理论转化为二态变量，即用"0"和"1"来表示煤与瓦斯突出时某个定性指标的"不存在"和"存在"，定量指标值以其煤与瓦斯突出时的测量值为标准。

分别采用不同输入因素组合作为预测器的输入，其输入组合共有 $2^{15}-1=32767$ 种。

2. 预测器设置

采用的煤与瓦斯突出预测器采用 3 层结构的 BP 神经网络，其输入层为与煤与瓦斯突出有关的因素，设其最终确定的个数（即输入因素）的个数为 m；在确定作为输入因素的过程中，隐含层神经元的个数为 $2m+1$ 个。输出层节点为 1 个，为煤与瓦斯突出强度的预测结果。为了避免饱和抑制现象，在对神经网络预测器进行训练与测试之前，对其输入和输出样本进行归一化处理，使之达到 [0, 1] 范围。计算残差前再反归一化。

3. 样本使用

将表 6.6 中前 12 组样本用来遴选平顶山八矿煤与瓦斯突出预测器输入的主因素，后 3 组样本作为验证样本（13～15）；表 6.7 中的前 8 组样本用来遴选谭家山矿煤与瓦斯突出预测器输入的主因素，后 2 组样本作为验证样本（9～10）。两组验证样本分别用来对输入因素遴选完毕的预测器的性能进行验证。

将表 6.6 的前 12 组样本分为训练样本和检验样本两个部分，对预测器的每次训练中采用 9 组作为训练样本，剩余的 3 组作为检验样本；在下一次训练时，按顺序轮换训练样本和检验样本。即第 k 次取样本 $k \sim \Omega_{12}[k+8]$ 为训练样本，其余样本为检验样本；第 $k+1$ 次取样本 $k+1 \sim \Omega_{12}[k+9]$ 为训练样本，其余样本为检验样本，其中 $\Omega_{12}[z]$ 表示对整数 z 取为模为 12 的余数。这样共可得到 $N=9 \times 3=27$ 组检验样本。并根据得到的 27 组检验样本计算各种组合下的预测残差，选取显著水平 $\alpha=0.05$，以全部输入因素计算得到的预测残差作为初始 SE，并进行方差比检验 [此时，$F_{0.05}(26, 26)=F_{0.95}^{-1}(26, 26)=1.93$，$F_{0.025}(26, 26)=F_{0.975}^{-1}(26, 26)=2.19$]，得到的部分结果见表 6.8。

表 6.8 平顶山八矿煤与瓦斯突出预测器输入因素各种组合下的预测残差和检验变量 F

序号	输入变量	SE^2	F_i	$F_{0.95}$	$F_{0.05}$
1	x_1	3599.3	3.641	0.518	1.93
2	x_2	1154.5	1.167	0.518	1.93
3	x_3	2947.1	2.981	0.518	1.93
4	x_4	3599.6	3.641	0.518	1.93
5	x_5	4736.9	4.791	0.518	1.93
6	x_6	3290.9	3.330	0.518	1.93
7	$x_1 x_3$	9183.7	9.29	0.518	1.93
8	$x_2 x_{13}$	103.4	0.104	0.518	1.93
9	$x_2 x_{14}$	4110.2	4.157	0.518	1.93
10	$x_2 x_{15}$	5352.0	5.414	0.518	1.93
11	$x_2 x_3 x_{11}$	7179.8	7.263	0.518	1.93
12	$x_2 x_3 x_{12}$	249.1	0.252	0.518	1.93
13	$x_2 x_3 x_{13}$	347.5	0.351	0.518	1.93

序号	输入变量	SE^2	F_i	$F_{0.95}$	$F_{0.05}$
14	$x_2 x_3 x_{14}$	2162.4	2.187	0.518	1.93
15	$x_1 x_4 x_9 x_{13}$	3919.8	3.965	0.518	1.93
16	$x_1 x_4 x_9 x_{14}$	2565.5	2.595	0.518	1.93
17	$x_1 x_4 x_9 x_{15}$	923.6	0.9343	0.518	1.93
18	$x_2 x_3 x_4 x_{10}$	325.9	0.011	0.518	1.93
19	$x_2 x_3 x_4 x_{11}$	325.9	0.329	0.518	1.93
20	$x_1 x_3 x_4 x_6 x_{10} x_{11}$	5931.3	6.0	0.518	1.93
21	$x_1 x_3 x_7 x_8 x_{10} x_{14} x_{15}$	4386.2	4.437	0.518	1.93
22	$x_2 x_3 x_4 x_5 x_6 x_7 x_8 x_9 x_{10} x_{12} x_{13} x_{14} x_{15}$	152.9	0.1547	0.518	1.93
23	$x_1 x_3 x_4 x_6 x_7 x_8 x_9 x_{10} x_{11} x_{13} x_{14} x_{15}$	1.572	0.0016	0.518	1.93
24	$x_1 x_2 x_3 x_4 x_5 x_6 x_7 x_9 x_{10} x_{11} x_{12} x_{13} x_{14} x_{15}$	421.12	0.426	0.518	1.93
25	$x_1 x_2 x_3 x_4 x_6 x_7 x_8 x_9 x_{10} x_{11} x_{13} x_{14} x_{15}$	3673.5	3.716	0.518	1.93
26	$x_1 x_2 x_3 x_4 x_5 x_6 x_7 x_8 x_9 x_{10} x_{11} x_{13} x_{14} x_{15}$	8885.1	8.988	0.518	1.93
27	$x_2 x_3 x_4 x_6 x_7 x_8 x_9 x_{10} x_{11} x_{12} x_{13} x_{14} x_{15}$	138.89	0.1405	0.518	1.93
28	$x_1 x_2 x_3 x_4 x_6 x_7 x_8 x_{10} x_{11} x_{12} x_{13} x_{14} x_{15}$	37.66	0.0381	0.518	1.93
⋮	⋮	⋮	⋮	⋮	⋮
32767	$x_1 x_2 x_3 x_4 x_5 x_6 x_7 x_8 x_9 x_{10} x_{11} x_{12} x_{13} x_{14} x_{15}$	988.55	1	0.518	1.93

注　F_i 表示第 i 个输入量组合方案的方差比检验值。

将表 6.7 的前 8 组样本也分为训练样本和检验样本两个部分，对预测器的每次训练中采用 6 组作为训练样本，剩余的 2 组作为检验样本，与表 6.6 前 12 组样本做类似处理，即在下一次训练时，按顺序轮换训练样本和检验样本。即第 k 次取样本 $k \sim \Omega_8[k+5]$ 为训练样本，其余样本为检验样本；第 $k+1$ 次取样本 $k+1 \sim \Omega_8[k+6]$ 为训练样本，其余样本为检验样本，其中 $\Omega_8[z]$ 表示对整数 z 取模为 8 的余数。这样共可得到 $N = 6 \times 2 = 12$ 组检验样本。并根据得到的 12 组检验样本计算各种组合下的预测残差，选取显著水平 $\alpha = 0.05$，以全部输入因素计算得到的预测残差作为初始 SE，并进行方差比检验 [此时，$F_{0.05}(11, 11) = F_{0.95}^{-1}(11, 11) = 2.82$，$F_{0.025}(11, 11) = F_{0.975}^{-1}(11, 11) = 3.47$]，得到的部分结果见表 6.9。

表 6.9　谭家山矿煤与瓦斯突出预测器输入因素各种组合下的预测残差和检验变量 F

序号	输入变量	SE^2	F_i	$F_{0.95}$	$F_{0.05}$
1	x_1	280.0	0.355	0.355	2.82
2	x_2	290.2	0.368	0.355	2.82
3	x_4	280.0	0.355	0.355	2.82
4	x_5	353.0	0.447	0.355	2.82
5	x_6	1379.7	1.749	0.355	2.82
6	$x_4 x_5 x_{10}$	2463.6	3.124	0.355	2.82

续表

序号	输入变量	SE^2	F_i	$F_{0.95}$	$F_{0.05}$
7	$x_4 x_5 x_7 x_{11}$	6478.6	8.215	0.355	2.82
8	$x_4 x_5 x_7 x_{15}$	6479.3	8.216	0.355	2.82
9	$x_4 x_5 x_7 x_9 x_{10}$	58.1	0.073	0.355	2.82
10	$x_4 x_5 x_7 x_9 x_{11}$	257.1	0.326	0.355	2.82
11	$x_4 x_5 x_7 x_9 x_{10} x_{11}$	1814.3	2.300	0.355	2.82
12	$x_4 x_5 x_7 x_9 x_{10} x_{15}$	1179.6	1.496	0.355	2.82
13	$x_4 x_5 x_7 x_9 x_{11} x_{15}$	131.2	0.166	0.355	2.82
14	$x_4 x_5 x_7 x_9 x_{10} x_{11} x_{15}$	0.301	0.0038	0.355	2.82
15	$x_1 x_4 x_5 x_7 x_9 x_{10} x_{11} x_{15}$	365.1	0.463	0.355	2.82
16	$x_2 x_4 x_5 x_7 x_9 x_{10} x_{11} x_{15}$	132.0	0.167	0.355	2.82
17	$x_3 x_4 x_5 x_7 x_9 x_{10} x_{11} x_{15}$	758.7	0.962	0.355	2.82
18	$x_4 x_5 x_7 x_9 x_{10} x_{11} x_{12} x_{15}$	695.7	0.882	0.355	2.82
19	$x_4 x_5 x_7 x_9 x_{10} x_{11} x_{13} x_{15}$	2044.4	2.592	0.355	2.82
20	$x_4 x_5 x_7 x_9 x_{10} x_{11} x_{14} x_{15}$	4368.1	5.539	0.355	2.82
21	$x_1 x_2 x_4 x_5 x_7 x_9 x_{10} x_{11} x_{15}$	750.7	0.951	0.355	2.82
22	$x_1 x_3 x_4 x_5 x_7 x_9 x_{10} x_{11} x_{15}$	1856.6	2.354	0.355	2.82
23	$x_1 x_4 x_5 x_7 x_9 x_{10} x_{11} x_{12} x_{15}$	4371.4	5.543	0.355	2.82
24	$x_1 x_4 x_5 x_7 x_9 x_{10} x_{11} x_{13} x_{15}$	2298.9	2.915	0.355	2.82
25	$x_1 x_4 x_5 x_7 x_9 x_{10} x_{11} x_{14} x_{15}$	6461.6	8.194	0.355	2.82
26	$x_1 x_2 x_3 x_4 x_5 x_7 x_9 x_{10} x_{11} x_{12} x_{15}$	574.42	0.728	0.355	2.82
27	$x_2 x_3 x_4 x_5 x_6 x_7 x_8 x_9 x_{10} x_{11} x_{12} x_{13} x_{14}$	3609.3	4.57	0.355	2.82
28	$x_2 x_3 x_4 x_5 x_6 x_7 x_8 x_9 x_{10} x_{12} x_{13} x_{14} x_{15}$	5219.37	6.618	0.355	2.82
⋮	⋮	⋮	⋮	⋮	⋮
32767	$x_1 x_2 x_3 x_4 x_5 x_6 x_7 x_8 x_9 x_{10} x_{11} x_{12} x_{13} x_{14} x_{15}$	788.60	1	0.355	2.82

注 F_i 表示第 i 个输入量组合方案的方差比检验值。

4. 遴选分析

（1）平顶山八矿煤与瓦斯突出主因素分析。由表 6.8 可见，在所有 $F_i < F_{1-\alpha}$ 的情形中，方差比检验变量 F_{23} 最小，此情况下预测结果最佳，也即去除了影响因素 $x_2 x_5 x_{12}$，也即只剩下影响因素 $x_1 x_3 x_4 x_6 x_7 x_8 x_9 x_{10} x_{11} x_{13} x_{14} x_{15}$ 后，预测器的残差减少最明显。

由表 6.8 还可以观察到，在 $x_1 x_3 x_4 x_6 x_7 x_8 x_9 x_{10} x_{11} x_{13} x_{14} x_{15}$ 上添加任何因素作为输入量，都不会使预测结果有明显改进甚至使预测结果变差。例如，在 $x_1 x_3 x_4 x_6 x_7 x_8 x_9 x_{10} x_{11} x_{13} x_{14} x_{15}$ 基础上添加 x_2 或 $x_2 x_5$ 后，分别有 $F_{25} > F_\alpha$ 和 $F_{26} > F_\alpha$，表明其预测结果变差。

由表 6.8 第 20 种和第 21 种组合还可以观察到，在输入量中进一步删去 $x_1 x_3 x_4 x_6 x_7 x_8 x_9 x_{10} x_{11} x_{13} x_{14} x_{15}$ 中的任何一些因素，都不会使预测结果有明显改进甚至使预测结果变差。例如，输入 $x_1 x_3 x_4 x_6 x_{10} x_{11}$ 和 $x_1 x_3 x_7 x_8 x_{10} x_{14} x_{15}$ 时，分别有 $F_{20} > F_\alpha$ 和 $F_{21} > F_\alpha$，表明其预测结果变差。

由表 6.8 还可以观察到，对于除影响因素 $x_1x_3x_4x_6x_7x_8x_9x_{10}x_{11}x_{13}x_{14}x_{15}$ 组合以外的其他因素组合作为输入量的情形，其预测结果都没有明显改进甚至使预测结果变差。例如，输入为 $x_1x_4x_9x_{13}$ 和 $x_1x_4x_9x_{14}$ 时，分别有 $F_{15} > F_\alpha$ 和 $F_{16} > F_\alpha$，表明其预测结果变差。

综上所述，影响因素 $x_1x_3x_4x_6x_7x_8x_9x_{10}x_{11}x_{13}x_{14}x_{15}$，即开采深度、软分层厚度、煤层倾角、煤层厚度变化、软分层厚度变化、煤层倾角变化、煤的普氏系数、瓦斯放散初速度、瓦斯涌出初速度、片帮掉渣、喷孔顶钻夹钻和瓦斯变化就是平顶山八矿煤与瓦斯突出的预测器输入的主因素。

(2) 谭家山矿煤与瓦斯突出主因素分析。由表 6.9 可见，在所有 $F_i < F_{1-\alpha}$ 的情形中，方差比检验变量 F_{14} 最小，此情况下预测结果最佳，也即去除了影响因素 $x_1x_2x_3x_6x_8x_{12}x_{13}x_{14}$，也即只剩下影响因素 $x_4x_5x_7x_9x_{10}x_{11}x_{15}$ 后，预测器的残差减少最明显。

由表 6.9 第 6 种~第 8 种组合还可以观察到，在输入量中进一步删去 $x_1x_3x_4x_6x_7x_8x_9x_{10}x_{11}x_{13}x_{14}x_{15}$ 中的任何一些因素，都不会使预测结果有明显改进甚至使预测结果变差。例如，输入 $x_4x_5x_{10}$ 和 $x_4x_5x_7x_{15}$ 时，分别有 $F_6 > F_\alpha$ 和 $F_8 > F_\alpha$，表明其预测结果变差。

由表 6.9 还可以观察到，在 $x_4x_5x_7x_9x_{10}x_{11}x_{15}$ 上添加任何因素作为输入量，都不会使预测结果有明显改进甚至使预测结果变差。例如，在 $x_4x_5x_7x_9x_{10}x_{11}x_{15}$ 基础上添加 x_{14} 或 x_1x_{12} 后，分别有 $F_{20} > F_\alpha$ 和 $F_{23} > F_\alpha$，表明其预测结果变差。

由表 6.9 还可以观察到，对于除影响因素 $x_1x_3x_4x_6x_7x_8x_9x_{10}x_{11}x_{13}x_{14}x_{15}$ 组合以外的其他因素组合作为输入量的情形，其预测结果都没有明显改进甚至使预测结果变差。例如，输入为 $x_2x_3x_4x_5x_6x_7x_8x_9x_{10}x_{11}x_{12}x_{13}x_{14}$ 和 $x_3x_4x_5x_6x_7x_8x_9x_{10}x_{12}x_{13}x_{14}x_{15}$ 时，分别有 $F_{27} > F_\alpha$ 和 $F_{28} > F_\alpha$，表明其预测结果明显变差。

综上所述，得出的谭家山矿煤与瓦斯突出预测器输入的主因素为 $x_4x_5x_7x_9x_{10}x_{11}x_{15}$，即煤层倾角、地质构造、软分层厚度变化、煤的普氏系数、瓦斯放散初速度、瓦斯涌出初速度和瓦斯变化等 7 个因素。

5. 改进后的预测结果

用表 6.6 和表 6.7 的验证样本来验证平顶山八矿煤与瓦斯突出预测器和谭家山矿煤与瓦斯突出预测器仅保留主因素输入的预测效果的改进，预测结果分别见表 6.10 和表 6.11。由表 6.10 和表 6.11 可见，仅保留主因素输入的预测器可以得到更高的预测精度。

表 6.10　　　　　　　平顶山八矿煤与瓦斯突出改进预测器的预测结果的比较

项目		实际值/t	全部因素输入		主因素输入		主因素输入＋隐层网络节点数优化	
			预测值/t	误差/%	预测值/t	误差/%	预测值/t	误差/%
样本序号	13	49	44.85	8.48	48.1	1.78	48.7	0.62
	14	470	468.92	0.23	473.7	0.78	471.7	0.36
	15	144	175.15	21.62	137.4	4.60	144.5	0.35
误差平均值/%			10.11		2.39		0.44	
预测残差均方值			31.4		7.6		1.77	

表 6.11　　　　谭家山矿煤与瓦斯突出改进预测器的预测结果的比较

项目		实际值/t	全部因素输入		主因素输入		主因素输入＋ 隐层网络节点数优化	
			预测值/t	误差/%	预测值/t	误差/%	预测值/t	误差/%
样本 序号	9	215	244.96	13.9	233.1	8.42	215.1	0.03
	10	81	87.37	7.90	76.3	5.79	80.5	0.67
误差平均值/%			10.90		7.11		0.35	
预测残差均方值			30.6		18.6		0.55	

由表 6.10 和表 6.11 可见，应用 6.4.1 所述的方法对该主因素输入的预测器的隐层网络节点数进行进一步优化调整，可以进一步提高预测的精度。

6.5　N＋Y－X 原则

6.5.1　基本原理

对于一个参数待辨识的系统，假设安放 N 个监测极对其进行测试，能得到满意的参数辨识效果，如果再增加 Y 个监测极，则即使这 $N+Y$ 个测试极中有 X 个监测极故障（如损坏、断线等）不可用，仍能有某种监测极布置方案使尽可能多的待辨识参数明晰，则称这样的监测极布置方案安排满足 $N+Y-X$ 原则。

$N+Y-X$ 原则反映测试方案的健壮性，在实际应用中，可根据需要采用各种形式，典型的应用有：$N-1$ 原则、$N-X$ 原则、$N+1-1$ 原则、$N+Y-X$ 原则等。

1. $N-1$ 原则

对于一个参数待辨识系统，假设若要使其所有参数都明晰，至少需要安放 N 个监测极，采用 N 个监测极使得全部参数都明晰的布置方案的集合为 $\mathbf{Z}$，对于方案 Z_i，其布置的第 j 个监测极故障后仍能保持明晰的参数的个数为 $n_{i,j}$，则其 $N-1$ 健壮性指标 $RB_i(N-1)$ 定义为

$$RB_i(N-1)=\sum_{j=1}^{N}n_{i,j} \tag{6.42}$$

在对采用 N 个监测极使得全部待辨识参数都明晰的布置方案进一步优选时，选择 $N-1$ 健壮性指标 $RB(N-1)$ 最高的方案，这就是 $N-1$ 原则，即

$$Z_{opt}=Z_i:(Z_i\in\mathbf{Z})\bigcap\{RE_i(N-1)=\max[RB_j(N-1),Z_j\in\mathbf{Z}]\} \tag{6.43}$$

式中：Z_{opt} 为最终监测线布置方案。

$N-1$ 原则的含义是：尽管一个监测极故障后，不能确保所有待辨识参数都明晰，但是选择在综合考虑一个监测极故障的各种情况后，能够使得明晰的参数的个数最多的方案。

2. $N-X$ 原则

类似地，还可以定义 $N-2$ 原则、$N-3$ 原则、……、$N-X$ 原则。

比如，方案 Z_i 的 $N-2$ 健壮性指标 $RB_i(N-2)$ 为

$$RB_i(N-2) = \sum_{j=1}^{N} \sum_{k=1}^{N} n_{i,(j,k)} \tag{6.44}$$

其中

$$n_{i,(j,k)} = 0 \qquad (j=k) \tag{6.45}$$

式中：$n_{i,(j,k)}$ 为第 j 和 k 两个监测极故障后仍能保持明晰的待辨识参数的个数。

在对采用 N 个监测极使得全部待辨识参数都明晰的布置方案进一步优选时，选择 $N-2$ 健壮性指标 $RB_i(N-2)$ 最高的方案，这就是 $N-2$ 原则，即

$$Z_{\text{opt}} = Z_i : (Z_i \in \mathbf{Z}) \bigcap \{RB_i(N-2) = \max[RB_j(N-2), Z_j \in \mathbf{Z}]\} \tag{6.46}$$

值得一提的是，按照 $N-1$ 原则选择的方案与按照 $N-2$ 原则选择的方案可能并不相同。

3. $N+1-1$ 原则

对于一个参数待辨识系统，假设若要使其所有待辨识参数都明晰，至少需要安放 N 个监测极，采用 $N+1$ 个监测极使得全部待辨识参数都明晰的布置方案的集合为 $\mathbf{Z}$，对于方案 Z_i，其布置的第 j 个监测极故障后仍能保持明晰的待辨识参数的个数为 $n_{i,j}$，则其 $N+1$ 健壮性指标 $RB_i(N+1-1)$ 为

$$RB_i(N+1-1) = \sum_{j=1}^{N+1} n_{i,j} \tag{6.47}$$

在对采用 $N+1$ 个监测极使得全部待辨识参数都明晰的布置方案进一步优选时，选择 $N+1-1$ 健壮性指标 $RB(N+1-1)$ 最高的方案，这就是 $N+1-1$ 原则，即

$$Z_{\text{opt}} = Z_i : (Z_i \in \mathbf{Z}) \bigcap \{RB_i(N+1-1) = \max[RB_j(N+1-1), Z_j \in \mathbf{Z}]\} \tag{6.48}$$

式中：Z_{opt} 为最终监测线布置方案。

$N+1-1$ 原则的含义是：尽管最少需要 N 个监测极就可以使所有待辨识参数都明晰，但是为了确保其健壮性，再多增加一个监测极，并在具有 $N+1$ 个监测极的一组方案中，选择在综合考虑一个监测极故障的各种情况后能够使得明晰的待辨识参数的个数最多的方案。

4. $N+Y-X$ 原则

类似地，还可以定义 $N+1-2$ 原则、$N+5-3$ 原则、……、$N+Y-X$ 原则。

6.5.2　实例分析

下面以接地网腐蚀故障诊断为例，说明 $N+Y-X$ 原则的应用。

对于一个接地网，即便按照使所有支路的直流电阻参数都明晰的原则在相应节点安放了监测线，随着时间的流逝，一些监测线以及监测线与接地网的连接部分也会发生腐蚀，严重时甚至会断线，断线后就不能确保所有支路都明晰。因此，希望即使在发生监测线断线的情况下，也能使尽可能多的支路明晰，并根据 $N+Y-X$ 原则来对一组监测线布置方案进行进一步优选。

例如，对于图 6.6 所示的具有 60 条支路的实验接地网，经过分析可知，使所有支路的直流电阻参数都明晰所需的监测线至少为 17 条。利用 17 条监测线使该接地网的所有支路都明晰的方案有许多组，而不是唯一的，表 6.12 列举了其中的 14 组方案。

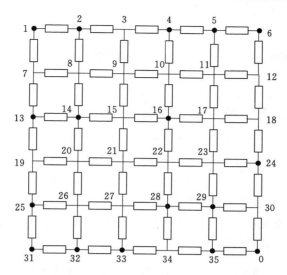

图 6.6 按照 $N-1$ 原则得到的监测极优化布置结果（圆点代表监测极）

表 6.12　　　　　　　　　　60 支路接地网监测线的 14 组布置方案

组别	监测极布置节点序号															
1	1	2	3	5	6	10	11	17	19	24	25	26	27	28	30	31	0
2	1	2	3	5	6	10	11	14	17	25	26	27	28	29	30	31	0
3	1	2	3	5	6	10	11	14	22	25	26	27	28	29	30	31	0
4	1	2	3	5	6	11	14	22	24	25	26	27	28	29	30	31	0
5	1	2	3	5	6	9	11	17	24	25	26	27	28	30	31	0
6	1	2	3	5	6	9	10	11	22	25	26	27	28	29	30	31	0
7	1	2	3	5	6	9	11	22	24	25	26	27	28	29	30	31	0
8	1	2	3	4	5	13	14	16	24	25	28	31	32	33	35	0
9	1	2	3	4	5	6	13	14	16	24	28	29	31	32	33	35	0
10	1	2	3	4	5	13	14	16	24	28	29	31	32	33	35	0
11	1	2	4	5	6	13	14	16	24	29	31	32	33	35	0
12	1	2	3	4	5	6	13	14	24	28	29	31	32	33	35	0
13	1	2	4	5	6	13	14	16	24	26	28	29	31	32	33	35	0
14	1	2	3	4	5	6	13	14	24	26	28	31	32	33	35	0

　　按照 $N-1$ 原则对表 6.12 中的 14 组监测极布置方案进行优选，其 RB（$N-1$）指标见表 6.13。

表 6.13　　　　表 6.12 中的 14 组监测极布置方案的 RB（$N-1$）指标

组别	RB_i（$N-1$）	组别	RB_i（$N-1$）
1	565	4	689
2	580	5	667
3	617	6	720

组别	RB_i（$N-1$）	组别	RB_i（$N-1$）
7	737	11	822
8	759	12	761
9	789	13	774
10	780	14	795

由表 6.13 可见，在 $N-1$ 原则下，第 11 组监测极布置方案的 RB（$N-1$）指标最高，表明在这种布置下，任意一个监测极断线造成的影响最小，因此选择第 11 种方案为最佳监测极布置方案，其监测极分布如图 6.6 中的圆点所示。

对于该具有 60 条支路的实验接地网，按照"$N+1-1$ 原则"，需要在 18 个节点安装监测线，可以得到 10 组监测极优化布置方案，见表 6.14。

表 6.14　　　　　　　　$N+1-1$ 原则下监测极的 10 组优化布置方案

组别	监测极布置节点序号																	
1	1	2	3	5	6	9	10	11	17	19	24	25	26	27	28	30	31	0
2	1	2	3	5	6	9	11	17	19	24	25	26	27	28	29	30	31	0
3	1	2	3	4	5	6	13	14	16	24	25	28	29	31	32	33	35	0
4	1	2	3	5	6	9	14	17	25	25	26	27	28	30	31	0		
5	1	2	3	5	6	10	11	14	22	24	25	26	27	28	30	31	0	
6	1	2	3	5	6	9	11	17	24	25	26	27	28	30	31	0		
7	1	2	3	5	6	9	10	11	14	22	24	25	26	27	28	29	30	0
8	1	2	3	5	6	9	11	14	22	24	25	26	27	28	29	30	0	
9	1	2	3	5	6	9	11	22	24	25	26	27	28	30	31	0		
10	1	2	3	5	6	10	11	17	19	24	25	26	27	28	29	30	31	0

按照 $N+1-1$ 原则对表 6.14 中的 10 组监测极布置方案进行优选，其 RB（$N+1-1$）指标见表 6.15。

表 6.15　　　　　表 6.14 中的 10 组监测线布置方案的 RB（$N+1-1$）指标

组别	RB_i（$N+1-1$）	组别	RB_i（$N+1-1$）
1	740	6	825
2	892	7	696
3	952	8	778
4	780	9	874
5	790	10	848

由表 6.15 可见，在 $N+1-1$ 原则下，第 3 组监测线布置方案的 RB（$N+1-1$）指标最高，表明在这种布置下，任意一条监测线断线造成的影响最小，因此选择第 3 种方案为最佳监测线布置方案，其监测线分布如图 6.7 中的圆点所示。

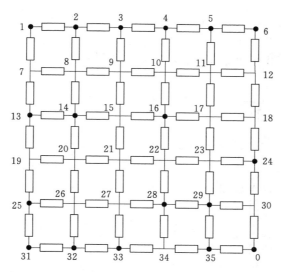

图 6.7 按照 N+1-1 原则得到的监测线优化布置结果（圆点代表监测极）

对于该具有 60 条支路的实验接地网，按照 N+2-1 原则，需要在 19 个节点安装监测极，可以得到 10 组监测极优化布置方案，见表 6.16。

表 6.16   N+2-1 原则下监测极的 10 组优化布置方案

组别	监测线布置节点序号																		
1	1	2	3	5	6	9	10	11	17	19	24	25	26	27	28	29	30	31	0
2	1	2	3	5	6	9	10	11	14	17	24	25	26	27	28	29	30	31	0
3	1	2	3	5	6	9	10	11	14	22	24	25	26	27	28	29	30	31	0
4	1	2	3	5	6	9	10	11	17	22	24	25	26	27	28	29	30	31	0
5	1	2	3	5	6	9	10	11	14	24	25	26	27	28	29	30	31	0	
6	1	3	5	6	7	11	13	15	16	18	19	21	24	26	30	31	32	33	0
7	1	2	3	4	5	6	13	14	16	24	25	26	28	29	31	32	33	35	0
8	1	2	3	4	5	6	13	14	16	21	24	26	28	29	31	32	33	35	0
9	1	2	3	4	5	6	13	14	16	21	24	25	26	28	29	31	32	33	35	0
10	1	2	3	4	5	6	13	14	16	21	24	25	28	29	31	32	33	35	0

按照 N+2-1 原则对表 6.16 中的 10 组监测极布置方案进行优选，其 RB（N+2-1）指标见表 6.17。

表 6.17   表 6.16 中的 10 组监测极布置方案的 RB（N+2-1）指标

组别	RB_i（N+2-1）	组别	RB_i（N+2-1）
1	1007	6	986
2	921	7	1036
3	869	8	937
4	899	9	854
5	870	10	1033

由表 6.17 可见，在 $N+2-1$ 原则下，第 7 组监测线布置方案的 $RB(N+2-1)$ 指标最高，表明在这种布置下，任意一条监测线断线造成的影响最小，因此选择第 7 种方案为最佳监测线布置方案，其监测线分布如图 6.8 中的圆点所示。

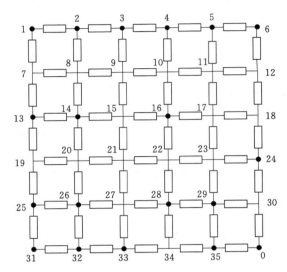

图 6.8　按照 $N+2-1$ 原则得到的监测线优化布置结果（圆点代表监测极）

本　章　小　结

基于蒙特卡罗方法的比较分析可以采取下列步骤：

（1）随机生成用来对各种方法进行对比、检验和评价的大量测试场景。

（2）明确能够用来对各种方法进行对比、检验和评价的性能指标。

（3）采用假设检验手段或简化对比分析手段对各种方法的单项性能进行客观的对比分析和评价。

（4）对各种方法的各项性能进行综合评价。

基于方差比检验的系统输入主因素遴选方法是在一定显著水平下对增添或删除若干因素前后系统的性能指标进行 F 检验，用以确定具有改进作用的增添或删除操作。遍历增添和删除的所有情形后，即可确定能获得最大改进的最佳输入主因素组合。

"$N+Y-X$ 原则"反映系统测试方案的健壮性，在实际应用中，可根据需要采用各种形式，典型的应用有"$N-1$ 原则""$N-X$ 原则""$N+1-1$ 原则""$N+Y-X$ 原则"等。

附录 A IEEE 33 节点配电系统计算数据

支路号	首节点号	末点点号	支路电阻/Ω	支路电抗/Ω	末节点注入功率	
					有功功率/kW	无功功率/kvar
1	1	2	0.0922	0.047	100	60
2	2	3	0.4930	0.2511	90	40
3	3	4	0.3660	0.1864	120	80
4	4	5	0.3811	0.1941	60	30
5	5	6	0.8190	0.7070	60	20
6	6	7	0.1872	0.6188	200	100
7	7	8	0.7114	0.2351	200	100
8	8	9	1.0300	0.7400	60	20
9	9	10	1.0440	0.7400	60	20
10	10	11	0.1966	0.0650	45	30
11	11	12	0.3744	0.1238	60	35
12	12	13	1.4680	1.1550	60	35
13	13	14	0.5416	0.7129	120	80
14	14	15	0.5910	0.5260	60	10
15	15	16	0.7463	0.5450	60	20
16	16	17	1.2890	1.7210	60	20
17	17	18	0.3720	0.5740	90	40
18	2	19	0.1640	0.1565	90	40
19	19	20	1.5042	1.3554	90	40
20	20	21	0.4095	0.4784	90	40
21	21	22	0.7089	0.9373	90	40
22	3	23	0.4512	0.3083	90	50
23	23	24	0.8980	0.7091	420	200
24	24	25	0.8960	0.7011	420	200
25	6	26	0.2030	0.1034	60	25
26	26	27	0.2842	0.1447	60	25
27	27	28	1.0590	0.9337	60	20
28	28	29	0.8042	0.7006	120	70
29	29	30	0.5075	0.2585	200	600
30	30	31	0.9744	0.9630	150	70
31	31	32	0.3105	0.3619	210	100
32	32	33	0.3410	0.5362	60	40
33	8	21	2.0000	2.0000		
34	9	15	2.0000	2.0000		
35	12	22	2.0000	2.0000		
36	18	33	0.5000	0.5000		
37	25	29	0.5000	0.5000		

附录 B 美国 PG&E 69 节点配电系统计算数据

支路号	首节点号	末点点号	支路电阻/Ω	支路电抗/Ω	末节点注入功率	
					有功功率/kW	无功功率/kvar
1	1	2	0.0050	0.0012	0	0
2	2	3	0.0050	0.0012	0	0
3	3	4	0.0015	0.0036	0	0
4	4	5	0.0251	0.0294	0	0
5	5	6	0.3660	0.1864	2.6	2.2
6	6	7	0.3811	0.1941	40.4	30
7	7	8	0.0922	0.0470	75	54
8	8	9	0.0493	0.0251	30	22
9	9	10	0.8190	0.2707	28	19
10	10	11	0.1872	0.0691	145	104
11	11	12	0.7114	0.2351	145	104
12	12	13	1.0300	0.3400	8	5.5
13	13	14	1.0440	0.3450	8	5.5
14	14	15	1.0580	0.3496	0	0
15	15	16	0.1966	0.0650	45.5	30
16	16	17	0.3744	0.1238	60	35
17	17	18	0.0047	0.0016	60	35
18	18	19	0.3276	0.1083	0	0
19	19	20	0.2106	0.0696	1	0.6
20	20	21	0.3416	0.1129	114	81
21	21	22	0.0140	0.0046	5.3	3.5
22	22	23	0.1591	0.0526	0	0
23	23	24	0.3463	0.1145	28	20
24	24	25	0.7488	0.2457	0	0
25	25	26	0.3089	0.1021	14	10
26	26	27	0.1732	0.0572	14	10
27	3	28	0.0044	0.0108	26	18.6
28	28	29	0.0640	0.1565	26	18.6
29	29	30	0.3978	0.1315	0	0
30	30	31	0.0702	0.0232	0	0
31	31	32	0.3510	0.1160	0	0
32	32	33	0.8390	0.2816	14	10
33	33	34	1.7080	0.5646	19.5	14
34	34	35	1.4740	0.4873	6	4

续表

支路号	首节点号	末点点号	支路电阻/Ω	支路电抗/Ω	末节点注入功率	
					有功功率/kW	无功功率/kvar
35	3	59	0.0044	0.0108	26	18.55
36	59	60	0.0640	0.1565	26	18.55
37	60	61	0.1053	0.1230	0	0
38	61	62	0.0304	0.0355	24	17
39	62	63	0.0018	0.0021	24	17
40	63	64	0.7283	0.8509	1.2	1
41	64	65	0.3100	0.3623	0	0
42	65	66	0.0410	0.0478	6	4.3
43	66	67	0.0092	0.0116	0	0
44	67	68	0.1089	0.1373	39.22	26.3
45	68	69	0.0009	0.0012	39.22	26.3
46	4	36	0.0034	0.0084	0	0
47	36	37	0.0851	0.2083	79	56.4
48	37	38	0.2898	0.7091	384.70	274.5
49	38	39	0.0822	0.2011	384.70	274.5
50	8	40	0.0928	0.0473	40.5	28.3
51	40	41	0.3319	0.1114	3.6	2.7
52	9	42	0.1740	0.0886	4.35	3.5
53	42	43	0.2030	0.1034	26.4	19
54	43	44	0.2842	0.1447	24	17.2
55	44	45	0.2813	0.1433	0	0
56	45	46	1.5900	0.5337	0	0
57	46	47	0.7837	0.2630	0	0
58	47	48	0.3042	0.1006	100	72
59	48	49	0.3861	0.1172	0	0
60	49	50	0.5075	0.2585	1244	888
61	50	51	0.0974	0.0496	32	23
62	51	52	0.1450	0.0738	0	0
63	52	53	0.7105	0.3619	227	162
64	53	54	1.041	0.5302	59	42
65	11	55	0.2012	0.0611	18	13
66	55	56	0.0047	0.0014	18	13
67	12	57	0.7394	0.2444	28	20
68	57	58	0.0047	0.0016	28	20
69	11	66	0.5000	0.5000		
70	13	20	0.5000	0.5000		
71	15	69	1.0000	1.0000		
72	27	54	1.0000	1.0000		
73	39	48	2.0000	2.0000		

附录C　IEEE 30 节点系统数据

附表 C.1 IEEE 30 节点系统的母线数据和潮流结果

母线号	母线电压		发电机输出功率		负荷功率	
	幅值/p. u.	相角/(°)	有功功率/MW	无功功率/Mvar	有功功率/MW	无功功率/Mvar
1	1.0500	0.0000	138.53	−2.58	0.00	0.00
2	1.0338	−2.7374	57.56	2.43	21.70	12.70
3	1.0309	−4.6722	0.00	0.00	2.40	1.20
4	1.0258	−5.5963	0.00	0.00	7.60	1.60
5	1.0058	−9.0005	24.56	22.25	94.20	19.00
6	1.0214	−6.4821	0.00	0.00	0.00	0.00
7	1.0073	−8.0435	0.00	0.00	22.80	10.90
8	1.0230	−6.4864	35.00	32.27	30.00	30.00
9	1.0583	−8.1508	0.00	0.00	0.00	0.00
10	1.0527	−10.0086	0.00	0.00	5.80	2.00
11	1.0913	−6.3003	17.93	17.61	0.00	0.00
12	1.0564	−9.2015	0.00	0.00	11.20	7.50
13	1.0883	−8.0216	16.91	24.96	0.00	0.00
14	1.0428	−10.0986	0.00	0.00	6.20	1.60
15	1.0393	−10.2212	0.00	0.00	8.20	2.50
16	1.0476	−9.8207	0.00	0.00	3.50	1.80
17	1.0459	−10.1598	0.00	0.00	9.00	5.80
18	1.0319	−10.8362	0.00	0.00	3.20	0.90
19	1.0317	−11.0109	0.00	0.00	9.50	3.40
20	1.0354	−10.8178	0.00	0.00	2.20	0.70
21	1.0404	−10.4668	0.00	0.00	17.50	11.20
22	1.0409	−10.4598	0.00	0.00	0.00	0.00
23	1.0314	−10.6662	0.00	0.00	3.20	1.60
24	1.0292	−10.9159	0.00	0.00	8.70	6.70
25	1.0298	−10.8036	0.00	0.00	0.00	0.00
26	1.0124	−11.2117	0.00	0.00	3.50	2.30
27	1.0388	−10.4761	0.00	0.00	0.00	0.00
28	1.0177	−6.8955	0.00	0.00	0.00	0.00
29	1.0192	−11.6689	0.00	0.00	2.40	0.90
30	1.0080	−12.5242	0.00	0.00	10.60	1.90
系统总功率			290.49	96.95	283.40	126.20

支路号	首末端母线号	支路电阻	支路电抗	1/2 充电电容电钠	额定电流
1	1 − 2	0.0192	0.0575	0.0264	1.30
2	1 − 3	0.0452	0.1852	0.0204	1.30
3	2 − 4	0.0570	0.1737	0.0184	0.65
4	3 − 4	0.0132	0.0379	0.0042	1.30
5	2 − 5	0.0472	0.1983	0.0209	1.30
6	2 − 6	0.0581	0.1763	0.0187	0.65
7	4 − 6	0.0119	0.0414	0.0045	0.90
8	5 − 7	0.0460	0.1160	0.0102	0.70
9	6 − 7	0.0267	0.0820	0.0085	1.30
10	6 − 8	0.0120	0.0420	0.0045	0.32
11	9 − 6	0.0000	0.2080	0.0000	0.65
12	6 − 10	0.0000	0.5560	0.0000	0.32
13	9 − 11	0.0000	0.2080	0.0000	0.65
14	9 − 10	0.0000	0.1100	0.0000	0.65
15	12 − 4	0.0000	0.2560	0.0000	0.65
16	12 − 13	0.0000	0.1400	0.0000	0.65
17	12 − 14	0.1231	0.2559	0.0000	0.32
18	12 − 15	0.0662	0.1304	0.0000	0.32
19	12 − 16	0.0945	0.1987	0.0000	0.32
20	14 − 15	0.2210	0.1997	0.0000	0.16
21	16 − 17	0.0824	0.1932	0.0000	0.16
22	15 − 18	0.1070	0.2185	0.0000	0.16
23	18 − 19	0.0639	0.1292	0.0000	0.16
24	19 − 20	0.0340	0.0680	0.0000	0.32
25	10 − 20	0.0936	0.2090	0.0000	0.32
26	10 − 17	0.0324	0.0845	0.0000	0.32
27	10 − 21	0.0348	0.0749	0.0000	0.32
28	10 − 22	0.0727	0.1499	0.0000	0.32
29	21 − 22	0.0116	0.0236	0.0000	0.32
30	15 − 23	0.1000	0.2020	0.0000	0.16
31	22 − 24	0.1150	0.1790	0.0000	0.16
32	23 − 24	0.1320	0.2700	0.0000	0.16
33	24 − 25	0.1885	0.3292	0.0000	0.16
34	25 − 26	0.2554	0.3800	0.0000	0.16
35	25 − 27	0.1093	0.2087	0.0000	0.16

续表

支路号	首末端母线号	支路电阻	支路电抗	1/2 充电电容电钠	额定电流
36	28 – 27	0.0000	0.3960	0.0000	0.65
37	27 – 29	0.2198	0.4153	0.0000	0.16
38	27 – 30	0.3202	0.6027	0.0000	0.16
39	29 – 30	0.2399	0.4533	0.0000	0.16
40	8 – 28	0.0636	0.2000	0.0214	0.32
41	6 – 28	0.0169	0.0599	0.0065	0.32

附表 C.3　　　　　**IEEE 30 节点系统各变压器数据**　　　单位：p. u.

编号	首端节点	末端节点	变比下限	变比上限	分级步长
1	6	9	0.9	1.1	0.025
2	6	10	0.9	1.1	0.025
3	4	12	0.9	1.1	0.025
5	28	27	0.9	1.1	0.025

附表 C.4　　　　　**IEEE 30 节点系统并联电容数据**　　　单位：p. u.

编号	所在节点	电钠下限	电钠上限	分级步长
1	10	0.0	0.5	0.1
2	24	0.0	0.1	0.02

附表 C.5　　　**IEEE 30 节点系统无功可调发电机无功出力限值**　　单位：p. u.

母线号	下限	上限
2	−20.0	60.0
5	−15.0	62.5
8	−15.0	50.0
11	−10.0	40.0
13	−15.0	45.0

参 考 文 献

［1］ 浙江大学，盛骤，谢式千，等. 概率论与数理统计［M］. 4 版. 北京：高等教育出版社，2008.

［2］ 赵磬. 精英优化法及其在电力系统优化运行中的应用研究［D］. 西安：西安科技大学，2016.

［3］ 张伯明，陈寿孙. 高等电力网络分析［M］. 北京：清华大学出版社，1996.

［4］ 刘方，颜伟，David C Yu. 基于遗传算法和内点法的无功优化混合策略［J］. 中国电机工程学报，2005，25（15）：67－72.

［5］ 邓永生. 遗传算法在配电网重构中的应用研究［D］. 重庆：重庆大学，2002.

［6］ 董百强. 基于禁忌搜索算法的配电网重构研究［D］. 重庆：重庆大学，2006.

［7］ 毕鹏翔，刘健，刘春新，等. 配电网络重构的改进遗传算法［J］. 电力系统自动化，2002，26（2）：57－61.

［8］ 余民. 含风电和抽水蓄能电站的电力系统机组组合研究［D］. 上海：上海交通大学，2013.

［9］ 韩哲. 电力系统优化控制策略的鲁棒性评估［D］. 西安：西安科技大学，2016.

［10］ 张伯明，陈寿孙，严正. 高等电力网络分析［M］. 北京：清华大学出版社，2007.

［11］ 李欣然，姜学皎. 基于用户日负荷曲线的用电行业分类和综合方法［J］. 电力系统自动化，2010，34（10）：56－61.

［12］ Rughooputh H C S，Ah King R T F. Environmental/economic dispatch of thermal units using an e-litist multi－objective evolutionary algorithm［C］//IEEE International Conference on Industrial Technology. IEEE，2003：48－53.

［13］ 龙军，郑斌，郭小璇，等. 一种求解环境经济发电调度的交互式多目标优化方法［J］. 电力自动化设备，2013，33（5）：83－88.

［14］ 刘健，毕鹏翔，杨文宇，等. 配电网理论及应用［M］. 北京：中国水利水电出版社，2007.

［15］ 肖红飞，何学秋，刘黎明. 改进 BP 算法在煤与瓦斯突出预测中的应用［J］. 中国安全科学学报，2003，13（9）：59－61.

［16］ 谭云亮，肖亚勋，孙伟芳. 煤与瓦斯突出自适应小波基神经网络辨识和预测模型［J］. 岩石力学与工程学报，2007，26（s1）：3373－3377.

［17］ 赵朝义，袁修干，孙金镖. 遗传规划在采煤工作面瓦斯涌出量预测的应用［J］. 应用基础与工程科学学报，1999，7（4）：387－392.

［18］ 李念友，郭德勇，范满长. 灰关联分析方法在煤与瓦斯突出控制因素分析中的应用［J］. 煤炭科学技术，2004，32（2）：69－71.

［19］ 伍爱友，肖红飞，王从陆，何利文. 煤与瓦斯突出控制因素加权灰色关联模型的建立与应用［J］. 煤炭学报，2005，30（1）：58－62.

［20］ 刘健，王建新，王森，等. 一种改进的接地网故障诊断算法及测试方案评价［J］. 中国电机工程学报，2005，25（3）：71－77.

［21］ 刘渝根，滕永禧，陈先禄，等. 接地网腐蚀的诊断方法研究［J］. 高电压技术，2004，30（6）：19－21.

［22］ 程红丽，刘健，王森，等. 基于禁忌搜索的接地网故障诊断［J］. 高电压技术，2007，33（5）：139－142.